MAGIC ROCKS

ist nur ein Name, er soll aber assoziieren, welchen Bezug ich zu dieser Materie hege, welche Ausstrahlung und Suggestivkraft sie für mich besitzt. Zudem sind fast alle Sequenzen in englischsprachigen Ländern entstanden mit ihren entsprechenden Begriffen.

Steine haben viel zu erzählen, davon leben Geologen und Archäologen. Der Geologe erforscht aus Mineralien und Gesteinen die Zusammenhänge der Erdgeschichte, der Fotograf mit Auge und Optik die Farben, die Formen und Texturen, die natürlichen, sichtbaren Prozesse.
Überall finden sich auch im Reich der Steine, Bilder voller Poesie und kraftvoller archetypischer Schönheit. Beeindruckend ist für mich die unendliche Farbigkeit, welche Eisen- und viele andere Mineralien den „Rocks" als Farbspiel hinzugefügt haben. Es gibt Orte, die sind einfach „unglaublich".

Wind, Wasser, Hitze und Eis modellieren von außen, glühendes Magma verändert und verschiebt ganze Kontinente von innen.
Steine sind Ausdruck einer kosmischen Ordnung, deren Magie die mannigfachen Erscheinungsformen in etlichen Jahrtausenden kreiert. Vielerorts gibt es nicht nur Details, an denen kein Naturfotograf vorbeikommt. Es gibt auch zahlreiche Gebiete, die in sich geschlossen, in ihren eigenwilligen Formen ein eigenes kleines, begrenztes Universum darstellen, in dem man sich hautnah inmitten der eigentümlichsten Steingebilde befindet.
Die Fantasie im Entstehungsprozess erscheint grenzenlos. Steine sind Synonym für die Ewigkeit. Gemessen an der Länge unseres eigenen Lebens definieren wir Steine als das Material, das alle Zeiten überdauert. Auch unsere Vorfahren vor ca. zehntausend Jahren nutzten die „Unvergänglichkeit" des Steins und schufen mit Gravuren und Zeichnungen den „Rock Louvre" in der südlichen Sahara.
In meinem letzten Kapitel berichte ich visuell darüber.
Aber wie alles sind auch sie durch Hitze, Kälte, Wind, Wasser und Eis dem Prozess der Erosion und der Vergänglichkeit, allerdings in anderen Zeitdimensionen, unterworfen.

Volkhard Hofer

Abstrakte Sandsteinerosion, fast wie ein heiteres Bild eines Expressionisten, der mit Farben und Formen spielt.
Coyote Buttes, Arizona, USA

MAGIC ROCKS

VOLKHARD HOFER

ESSAY: MARLENE SCHNELLE-SCHNEYDER

TECKLENBORG

INHALT

Eisenmineralien im Sandstein, Whangaparaoa, NEUSEELAND

Eine Textur mit Tiefenwirkung hat die Erosion über Jahrtausende aus dem farbigen Sandstein des Paria Plateau herausmodelliert. Arizona, USA

AUF DER SUCHE NACH DER MAGIE DER FELSEN

Der Reiz, der Natur auf die Spur zu kommen, ist bei Volkhard Hofer ungebrochen. Er sucht diesmal nach der Magie der Felsen.
Dafür reist er in alle Welt, spürt jenseits der Touristenpfade die unentdeckten Felsformationen auf, die so gar nicht dem landläufigen Bild von Natur und Landschaft entsprechen. Er fühlt eine ureigene Beziehung zu der Vielfalt der Formen, die Felsen und Gestein darstellen. Er spürt die Zeit der Jahre auf, Jahrzehnte und Jahrhunderte, die Wind, Bewegung, Wasser, Sand und Erosion gezeichnet haben. Seine Bilder sehen hinter die Oberfläche, sie versuchen die Metaphorik zu deuten, den Zauber und die Magie darzustellen.
Die Vielfalt der Motive – der „Magic Rocks" – ist in elf Kapiteln dargestellt, um die Unterschiede der verschiedenen Merkmale zu betonen.

HART WIE FELSEN

Natur und Landschaft – als ein ästhetischer Zusammenhang – haben schon sehr lange ihren eigenen Reiz ausgeübt. Und ganz besonders dem harten, kahlen Felsen hat man außerordentliche Aufmerksamkeit geschenkt.
In der Regel gewaltig und groß beeindruckt der Felsen die Menschen und sie pilgern zu den einzigartigen Gebilden, die von Menschenhand versammelt worden sind. Schon sehr früh haben sie Hühnengräber (Megalithanlagen) und Sinnbilder (z. B. Stonehenge) arrangiert. Noch heute ist es ein Rätsel, wie man die gewaltigen Steine bewegen und transportieren konnte, um Befestigungen, Türme, Pyramiden oder gar die Klagemauer zu errichten.

Der Fels gilt als Metapher für Unerschütterlichkeit und Standhaftigkeit, besonders in den Religionen: „Auf diesen Fels will ich meine Kirche bauen" sagt Jesus zu Petrus. Die Bibel beschreibt die Felsen als Symbol für Festigkeit, Glauben und sichere Zuflucht: Moses schlägt aus dem Fels das Wasser, Jesus wurde auf einem Felsen gekreuzigt und Mohammed fuhr von einem Felsen in den Himmel. In der europäischen Darstellung sind die Felsen in der Regel in eine Gebirgslandschaft gebettet, um mit ihrer Großartigkeit zu beeindrucken.

Die Wüste scheint wie geschaffen für seine Einzigartigkeit, nackt, ohne Leben und Vegetation. Keine Bäume und Pflanzen, die uns Leben signalisieren und die wir doch so an der herkömmlichen Vorstellung von Natur und Landschaft lieben, rahmen die Felsen ein. Fern der Zivilisation bilden sie eine eigene Welt der Zeichen für das Außergewöhnliche, das die Natur in der Lage ist zu bilden und zu schaffen.

Wir können mit Hofers Bildern diese bizarren Skulpturen der Wüste entdecken. Er löst sie oft aus dem Zusammenhang, um in der Nahsicht ihre gewaltigen Dimensionen und zugleich ihre schwebende Zerbrechlichkeit spüren zu lassen. Ihre ausgefrästen Spitzen und Fragmente schneiden sich scharf in das Blau des Himmels ein, spielen mit Schatten und Licht. Durchblicke erzeugen einen Austausch zwischen Vorder- und Hintergrund, der um die Fläche spingt.
(Wind Rocks Seite 26)

VERSTEHEN DER NATUR

Es gibt kaum ein Thema, dem man sich seit Jahrtausenden so ausgiebig gewidmet hat wie dem der Natur. Die Tendenz, die Welt verstehen zu wollen, die Ursachen und Gründe für den Zusammenhang der Erscheinungen erklären zu können, ist ungebrochen.
Die antike Philosophie hat die „physis“ in den Mittelpunkt ihrer Diskussion gestellt. Man wollte hinter das „wahre Wesen der Dinge“ kommen und den Ursprung und das Gesetz der Natur verstehen.
Dabei war sich schon Heraklit darüber klar, dass das wahre Wesen der Dinge im Verborgenen ruhe. Die Natur (physis) hat zwar ein inneres Weltgesetz, aber das offenbart sich nicht in der sichtbaren Oberfläche.
Es zeigte sich schon für die griechischen Philosophen, dass die Erklärung der Natur keine einfache Sache und voller Gegensätze ist.
So entwickelte sich eine Diskussion über das Naturrecht, das Naturgesetz, die Ethik, die Pädagogik bis hin zur Kunst. Aristoteles unterscheidet auf der einen Seite das natürliche Wachstum und auf der anderen Seite die menschliche Fertigung der Dinge. Die zahlreichen Meinungen sind von der Frage nach der Ordnung dieser Gesetze geprägt und es verwundert nicht, dass in diesem Zusammenhang auch die Frage nach dem göttlichen Wesen und Geist auftaucht, der einen sinnvollen Plan für die Erklärung und das Wirken der Natur bereithält. Platon führt dazu die Ideen als „Urbild aller Dinge“ an.
Das Mittelalter mit Augustinus konzentriert sich darauf, Gott als den Natur erschaffenden einzuführen und beschäftigt sich weniger mit der Natur als der Gemeinsamkeit der sinnlichen Erscheinungen.
Erst als die Übersetzungen der Schriften von Aristoteles und Platon im 13. Jahrhundert auftauchen, kann man von einer Wende in der Philosophie sprechen. Die Mathematik, die Physik scheinen zu erklären, wie diese Welt zusammenhängt und es beginnt ein langsamer Prozess der Loslösung von der göttlichen Bestimmung.
Natur und Materie, Mensch und Natur, Realität und Denken, Körper und Geist, Leib und Seele werden Gegenstände der Auseinandersetzung.
Leibniz beschreibt in seinen zahlreichen Briefen mit holländischen und italienischen Wissenschaftlern das Vordringen in eine unbekannte Welt der Mikroskopie. Kant appelliert an die Vernunft, die unabdingbar an das Gesetz der Natur gebunden ist.

In dem nur ca. 1 Quadratkilometer großen Gebiet „Little Finland“, befindet sich eine Fülle von skurrilen Sand Rocks, die überwiegend vom Sandstrahl des Windes geformt worden sind
Nevada, USA

Doch abseits der theoretischen Diskussion konzentrieren sich die Bilder Hofers auf die Anschauung. Da winden sich die Felsen einzeln oder in Gruppen versammelt in die Höhe und treiben ein gewagtes Spiel mit dem Gleichgewicht. Wie Artisten balancieren sie auf ihren Spitzen flache quergelagerte Felsformationen, die wie riesige Hüte aussehen und jeden Moment zu fallen scheinen. Besonders eindrucksvoll präsentieren sie sich, wenn sie aus der ebenen Fläche herausragen. Kein Bildhauer hätte sie besser plazieren oder eigenwilliger formen können. (Balance Rocks Seite 42)

Die Ästhetik der Literatur hat sich im neunzehnten Jahrhundert ganz auf die vom Menschen gestaltete Natur konzentriert und den Begriff dadurch in ihrem Sinne verkürzt. Mit der Entwicklung der Technik, der Naturwissenschaften und der Industrialisierung hat sich der Begriff der Natur wiederum gewandelt. Die Erscheinungen der Natur sind messbar geworden. Man vertraut der Zuverlässigkeit der Apparate und Geologen beginnen ein spezielles Interesse an den Steinen und Felsen zu entwickeln, sie suchen nach den Bestandteilen von Sandstein, Quarz, Feldspäten, Basalt oder Granit, um nur die bekanntesten zu nennen.

Hofer verfolgt da ein anderes Ziel. Von ganz eigenartigem Reiz winden sich die „Lava Rocks" Seite 58 in der Fläche. Sie demonstrieren, dass die statische, feste Materie sich in der Fläche bewegt, ihre Kurven und erstarrten Strömungen zeichnet und diesen Wechsel von Bewegung und Stillstand signalisiert. Ihre Wölbungen oder auch Linien scheinen aufzubrechen, wenn in ihnen die glühende Lava agiert. Die Farbe setzt in diesem Zusammenhang ihre dominierende Kraft der Bewegung ins Bild und sprengt die Grenzen des an sich statischen Bildes. Die Vorstellung, dass der Mensch das Maß aller Dinge ist, dass er bestimmt, wie sich die Welt entwickeln wird und dass er die Entwicklung beeinflussen kann, ist in vielen politischen Programmen zu finden. Sie sind suspekt, sofern sich die Natur von ihrer schrecklichen Seite, den Katastrophen zeigt, denen der Mensch zum größten Teil hilflos ausgeliefert ist.

DER GRUNDGEDANKE DER BEWEGUNG

Ein Grundgedanke zieht sich durch die Fülle dieser Diskussionen: Die Bewegung, die Werden und Vergehen, die Prozesse, die Veränderung ausdrücken. Die Wechselwirkung der Elemente bestimmt die Welt und auch der menschliche Körper sowie die Entstehung der lebenden Organismen sind in diesen Kreislauf eingebunden.
Das innere Prinzip der Bewegung, das der lebenden Natur zugesprochen wird, unterscheidet sich von den geschaffenen Dingen, die der Mensch bildet.

Zwei härtere Sandsteine balancieren auf Chinle im weichen Licht des frühen Morgens.
Bisti Wilderness, New Mexico, USA

Die heutige Zeit beschäftigt sich auch wieder sehr intensiv mit der Wechselwirkung der Elemente. Die Aufmerksamkeit ist auf das menschliche Gehirn gerichtet. Das Gehirn des Menschen denkt über das Gehirn nach. Man versucht, die neuronalen Netzwerke, die chemischen Austauschprogramme und die Aktionspotenziale des Gehirns zu verstehen. Auch hier muss man sich auf die Prozesshaftigkeit der Aktionen einlassen, obwohl die Stabilitätstendenz des Menschen ein erklärtes Ziel ist. Und gerade sie haben sich ja die Felsen als Symbol gewählt, weil sie dieser Sehnsucht nach Beständigkeit und Standhaftigkeit entsprechen.

Wenn Wasser und Felsen aufeinandertreffen, dann entsteht ein Wechselspiel. Das Strömen des Wassers, oder auch die Wucht der Brandung erzeugen spezifische Effekte. Das Wasser nimmt die agierende Rolle der Bewegung ein, während sich der Stein umspülen lässt und den Widerstand bildet, in dem sich Reflexe und Kontraste spiegeln. Zur Ruhe gekommen umschließt die Felsmasse die flächigen Wasserreste und hebt die Gegensätze hervor. (Water Rocks Seite 74)

NATUR UND SCHÖNHEIT

In den Diskussionen um die Natur gibt es über die Jahrhunderte einen anderen, ständigen Begleiter: die Schönheit. Obwohl sie zu einem eigenen Thema herausfordert, ist die Schönheit gern unterschwellig präsent.
Gerade in unserer Zeit, in der die Kunst keine Begriffsbestimmung wagt und die Schönheit selbst nicht einmal zu einem Entwurf für eine bessere Welt geeignet ist, tut man sich schwer, sie als Darstellungsmodus anzuerkennen. Und trotzdem ist sie als Fluchtpunkt aus dieser von Katastrophen geschüttelten Welt notwendig.
Unsere Kommunikationsmittel konfrontieren die Rezipienten täglich, ja stündlich mit Horrornachrichten aus aller Welt. Der Mensch kann dieser Fülle gar nicht standhalten und sie schon gar nicht verarbeiten. Er besitzt – man könnte sagen zum Glück – einen Verdrängungsmechanismus. Die Selektion seiner Wahrnehmung erlaubt es ihm, nur einen Bruchteil zu verarbeiten.
Sie hindert ihn aber auch, genau hinzuschauen und in Bezug auf Bilder heißt das vieles zu übersehen. Künstler glauben heutzutage, alle Missstände, Hässlichkeiten und Absurditäten aufzeigen zu müssen, um der Relevanz für die Gesellschaft Rechnung zu tragen. Sie lassen die Rezipienten damit oft alleine, zumal wenn sie von der Beziehung auf die außerbildliche Wirklichkeit absehen.
Das zwanzigste Jahrhundert hat uns gelehrt, mit abstrakten Bildformen der Fläche, Form und Farbe umzugehen. Die Malerei hat, bis auf wenige Ausnahmen, die Möglichkeiten durchdekliniert. Und wir haben mit Staunen entdeckt, dass vom wilden Gestus bis zu minimalen Ansätzen uns eine Fülle von Ideen erreicht hat. Wir haben gelernt, was die Farbwirkung vermag.

Das Wasser zeichnet die Felsenform. Radau-Wasserfall, Harz, DEUTSCHLAND

Wir haben die Wechselwirkung von Kontrasten, von Linien und Farbverläufen entdeckt und sind mit großem Gewinn für unser Sehen belohnt worden. Diese Sensibilisierung hat dazu beigetragen, den unendlichen Reichtum der Farbvariationen in der Schöpfung zu entdecken. Wenn Hofer sich diesen Motiven nähert, dann bestimmt der Ausschnitt den Farb- und Formenverlauf. Die ganze Palette der Nuancen breitet sich über die Fläche und doch werden ganz bestimmte Akzente gesetzt. Die Farbverläufe und Modulationen sind schwer mit sprachlichen Bezeichnungen zu beschreiben, weil ihnen die Entsprechungen fehlen. Sie wirken durch ihre anschaulichen Reize. (Jaspis Rocks Seite 100)

Die Photographie hat, so sagt man, zu dieser „Befreiung der Malerei" beigetragen. Sie hat den Abbildungsauftrag zugeschoben bekommen. Die Maschine kann ja nur aufzeichnen, was vor ihr existiert hat. Kein Mensch wird das ernsthaft bezweifeln. Nur werden dabei die Möglichkeiten des Umgehens mit der „Maschine" unterschlagen. Der Standpunkt, die Wahl der Motive, des Ausschnittes, die Wahl der Beleuchtung oder des Tageszeitlichts einerseits und auf der anderen Seite die vielen Möglichkeiten der Kamera: die Fläche, die Fokussierung, die Tiefenschärfe, die Belichtungszeit und die Bewegung.
Die Handhabung dieser Möglichkeiten zu Gunsten eines individuellen Ausdrucks, zur Vermeidung der Reduzierung auf die bloße Wiedererkennung, sind die Mittel des Photographen und es gibt einige unter ihnen, die sie zu nutzen wissen. Sie wollen nicht sammeln, sie wollen nicht Wirklichkeit in diesem „Kasten" nach Hause tragen, sondern bewusst aus dem Gesehenen Bilder machen. Sie beherrschen die Mittel, um mit ihnen zu gestalten und das Vorhandene in autonome Bildformen zu transformieren.
Die so entstandenen Bilder sollen das Sehen aktivieren, wollen die Wahrnehmung auf die Fährte der bildlichen Erkenntnis locken und das bloße Erkennen zu Gunsten von bildlichen Transformationen überbieten.

Was Sand vermag, kann man in diesen Bildern ablesen. Er schichtet sich zu scharfkantigen Flächen, verhärtet sich, wird abgetragen und ausgeschnitten. Er hinterlässt Linien und Spitzen, die wie Pfeile in die Luft ragen. Man fühlt ihre messerscharfe Härte. An anderen Stellen plustert er sich zu dicken und mächtigen Haufen auf, die aufeinander gewachsen sind, unter ihrer eigenen Last erdrückt werden und innere rostrote Flächen preisgeben. Wieder andere reihen sich zu turmartigen Gebilden, die sich zu umklammern scheinen. Ihre rostroten Spitzen schmücken weiße Linien und im Verband erscheinen sie mächtig und stark. Wenn sie von Hofer in der Nahsicht gegen den wolkenbewegten Himmel gesetzt werden, drängt sich unmittelbar der Begriff der Skulptur ins Bewusstsein, Skulpturen, die Zeit, Wind und Erosion geschaffen haben. (Sand Rocks Seite 116)

Lineare Texturen auf Steinen werden auch Banded Rocks genannt.
Eine unglaublich farbige Jaspis-Stelle befindet sich in einem Flussbett in der Nähe von Marble Bar.
WEST-AUSTRALIEN

Knietiefes „Zackenmützenmoos“ überwuchert Lavafelsen im
Schmelzwasser des Vatnajökull. Luftaunahme aus ca. 400 Meter Höhe.
ISLAND

Und hier liegt das eigentlich Neue, was die Landschaft im Gegensatz zur bewirtschafteten Natur bezeichnet. Die Landschaft liegt im Auge des Betrachters. Er erzeugt diesen Zusammenhang, die Beziehung und das Verhältnis von Himmel und Erde in ihrer Überschaubarkeit. Dabei spielt es keine Rolle, ob das Verhältnis nun einem Schönheitsideal entspricht oder Verwüstungen von Katastrophen und Unheil aufzeichnet.
Die Landschaft trennt sich von der Arbeit und der Praxis und wird somit für die Darstellung von besonderer Bedeutung. Aus dieser Perspektive schaffen die Bilder der Landschaft einen empfindungs- und stimmungsauslösenden Faktor, eine wechselseitige Beziehung zwischen Subjekt und Objekt.

LANDSCHAFT UND NATUR

Die Romantik mit ihrem Landschaftsbegriff hat sich in Mitteleuropa tief eingeprägt. Die Idylle besetzt auch heute noch die Vorstellung von Landschaft und Natur. Mit dem Anwachsen der Städte wird die Sehnsucht nach unberührter Natur immer größer. Man möchte sich in Wiesen und Wäldern, an Seen und Flüssen vom Betrieb der Großstadt erholen. Grün sollte es sein, ruhig sollte es sein und so manch einer versucht das schon mal in seinem Garten zu realisieren. Mit der Ruhe ist das so eine Sache, denn sie muss auch den Nachbarn gefallen.
Doch unsere Hektik verlässt uns leider nicht so leicht und Ferien auf dem Bauernhof ist nicht jedermanns Sache. Wieder zurückzukehren in die bewirtschaftete Natur und Landschaft widerspricht der Vorstellung der Idylle.
Auf der anderen Seite wird das Abenteuer gesucht. Viele Reiseunternehmen versprechen die Entdeckung fremder Erdteile und es ist ja auch verständlich, dass man gerne erleben möchte, was man aus Fernsehbildern kennt. Als kleiner Marco Polo, abgesichert durch Reisegruppen, kann man sich heute die Welt ansehen. Flüge sind preiswert, bringen einen in die entferntesten Länder und die Industrie freut sich über die Sammlungen von Photos, die früher in Alben oder Schuhkartons landeten und heute meist in den elektronischen Dateien gespeichert werden. Mit Ruhe und Erholung hat das weniger zu tun, eher mit dem Dabeigewesensein und dem Wunsch, das Gesehene zu archivieren.
Diese Ambitionen sind Volkhard Hofer fremd. Ihn reizt es, die außergewöhnlichen Steinformationen zu suchen, einen sprachlichen Begriff – Felsen – zu überbieten und zu zeigen, welche Vieldeutigkeit in den bildlichen Möglichkeiten liegt.
Bei den „Sinter Rocks“ Seite 148 kommt wieder das Wasser ins Spiel und die natürliche Reaktion der chemischen Zersetzung. Der Boden ist durchlässig und filigran. Man kann die Zerbrechlichkeit der Oberfläche spüren. Ihre dünne Haut ist durchlöchert und die Spuren der Rinnsale zeichnen die Fläche.

Wie eine bizarre Skulptur ragt dieser wohlgeformte Sandstein in den Himmel. Valley of Fire, Nevada, USA

Wie Adern oder Netzwerke spannen sie sich darüber. Steine und Wasser leben in einer Symbiose der Verdichtung und die Rückstände entwickeln eine erstaunliche Eigenständigkeit, die sich auch wieder mit der Farbe schmückt. Mineralien, Kristallisationen und Krusten brechen auf und umschließen die Wasserflächen oder tauchen wie bizarre Inseln auf. Ihre klare Oberfläche reflektiert den Himmel. Ihr Anblick bringen die Magie, das Geheimnis der Natur und ihrer Vielfalt besonders deutlich zur Anschauung.
Auch in der Photographie hat es abstrakte und konkrete Kompositionen gegeben. Aber außerbildliche Anspielungen auf die sogenannte Realität bilden die eigentliche Herausforderung. An ihnen lässt sich ermessen, ob sich die Bilder lediglich in der Ablichtung erschöpfen oder als Widerstand agieren, an dem sich die Kennzeichen zu bildlichen Elementen formieren.

VOLKHARD HOFER – VIELFALT UND AUSWAHL

Volkhard Hofer war unterwegs. Er sucht sich keine Motive, die vor der Tür liegen. Er wählt die menschenleere Landschaft, die von der Zivilisation und Kultur unberührt ist, obwohl die Suche danach heute nicht einfach ist. Er nimmt sich die Zeit, die Natur in unbekannten anderen Formationen zu entdecken. Fern aller Idylle spürt er die kahlen und spärlich bewachsenen Steine und Felsen auf.
Winzige Pflanzen, die Moose, breiten sich auf Steinen aus. Die Farbe tritt hier kräftig hervor. Ihr Muster folgt einem Wasserstrom und überzieht die Steine oder gruppiert sich in rundovalen Flächen. Hofer verteilt sie durch seine Sicht ganz flächenparallel in seinen Ausschnitt und sie erhalten dadurch einen abstrakten Duktus. Andere wiederum bilden kleine Kraterlandschaften, die in der Aufsicht aus einer fremdartigen, geheimnisvollen Welt zu stammen scheinen. (Moss Rocks Seite 170)

Als Photograph – im Gegensatz zum Maler – nähert sich Hofer der Natur als Gegebenheit. Vor ihm steht keine Staffelei mit einer leeren Fläche, sondern er wählt mit seinem Apparat den Rahmen. An seinen Bildern kann man erkennen mit welcher Zielsicherheit er die Auswahl trifft. Er entwirft kein ästhetisches Produkt im traditionellen Sinne, sondern spürt die Felsen auf und setzt sie ins Bild.
Seine Wahrnehmung wird hier unmittelbar gefordert, seine subjektive Sicht konstituiert den Zusammenhang oder den Ausschnitt. Sein Auge filtert, fokussiert und nähert sich den Dingen. Er geht mit diesem harten, unnachgiebigen Material auf Blickkontakt. Die ganze Magie, der Zauber der Gesteine ist in den Wüsten zu finden. In diesen kaum bewohnten, einsamen Landstrichen hat die Natur ihre „Kunst" geschaffen. Seltsame Skulpturen, für deren Formen es keine Vorbilder gibt, haben die extremen klimatischen Verhältnisse hervorgerufen. Die Bilder Hofers zeigen sie besser

als jeder sprachliche Versuch sie beschreiben kann. Unsere Wahrnehmung kann sich auf die Schöpfung einlassen, Zeit und Raum vergessen und im Blickkontakt die Größe der Natur verstehen. (Desert Rocks Seite 206)
Die Schöpfung der Natur ist aber auch in der Linie ein Meister. Von wellenartigen Zeichen der Bewegung bis zu Netzwerken, die die Fläche markieren, kann man ihre Dynamik verfolgen.
Die Farbe verläuft dazu in ihren Übergängen und bildet einen reizvollen Kontrast. (Graphic Rocks Seite 186)

Wir haben oben schon von der Vielfalt eines Themas gesprochen. Die Felsen, ein Konzert von Wasser, Wind und chemischen Reaktionen haben Gebilde geschaffen, deren Reiz Hofer offensichtlich nicht widerstehen kann, weil es immer wieder Neues zu entdecken gibt. Das grundlegende Motiv erfüllt die elf Kapitel und wird von der Zeit begleitet. Eine Zeit, deren Dimensionen nichts mit der Eile der heutigen Menschen gemein hat. Die Spuren der Verwehungen, der Abtragungen und Ablagerungen, das Entstehen und Vergehen lassen sich ablesen und zeichnen die Zeiträume von Jahren, Jahrzehnten oder auch Jahrtausenden. Im Vergleich dazu ist ein Lebensalter ein Moment.

MAGIC ROCKS

Die Magie der Felsen entschlüsselt sich für Hofer hauptsächlich in den Wüsten dieser Erde. Die Wüste ist auch als der Ort feindseliger Mächte, des Todes und Verderbens, der Versuchung und der Qualen bekannt. So steht der Wüstengott Seth dem ägyptischen Fruchtbarkeitsgott Osiris gegenüber. So widersteht Jesus den Versuchungen des Teufels, der ihn in der Wüste anspricht.
Auch die Kinder Israels müssen leiden auf ihrer langen Wanderung durch die Wüste, bevor sie das Land erreichen, in dem Milch und Honig fließen. Im Allgemeinen ist die Wüste metaphorisch negativ besetzt.
Aber sie wird auch als Ort der Läuterung, Besinnung und Reinigung beschrieben. Johannes der Täufer ist der „Rufer in der Wüste, der dem Herrn den Weg bereitet“. Einsiedler und Heilige haben die Wüste gesucht, um sich von der geschäftigen Unruhe abzukehren und sich auf eine Gottesbegegnung und Meditation zu konzentrieren.
Wir haben zunächst eine Klischeevorstellung der Wüste. Wind und Sand haben wellenförmige Strukturen gezeichnet, die sich zu Dünen aufschichten und an einem scharfen Kamm wieder abfallen.

Eine Felsburg leuchtet in der Abendsonne. Südliche Sahara, Tin Akaschaker, ALGERIEN

Am Tage große Hitze, in der Nacht empfindliche Kälte bestimmen den klimatischen Rhythmus. Die Sonne brennt unerbittlich und spiegelt dem Dürstenden die Fata Morgana einer Wasserstelle vor. Nur in sehr großen Abständen liegen einsame Oasen, aber in den weiten Wüsten Asiens, Afrikas, Amerikas und Australiens hat die Natur eine Vielfalt unterschiedlicher Formen und Farben geschaffen. Sie sind keineswegs nur vom Sand geprägt, sondern als Stein- und Felswüsten oder auch Salzwüsten bekannt.
Leicht beweglicher Flugsand, kali- und kochsalzhaltiger Sand, Gestein, Hügel, Klippen und Gebirge strukturieren die Oberflächen.
Scharf haben sich die Flüsse in das Gestein gegraben, die sich durch stürzende Wassermengen in kurzen Regenzeiten gebildet haben und in der Hitze genauso schnell wieder austrocknen können. Spalten und Schluchten sind die Resultate von Erosion, die oft seltsame Formvariationen hinterlässt.
Die Oberfläche der Erde ist einem permanenten, klimatischen Prozess ausgesetzt, den man besonders in diesen Gebieten studieren kann. Die Skalen messbar gesetzter Zeit haben hier ihre Bedeutung verloren. Millionen von Jahren haben hier durch Wind, Wasser, Oxydation und Erosion gewirkt und ihre Spuren hinterlassen.
Diese Wüsten gehören zu den wenigen Landstrichen der „hervorgebrachten Natur", die Menschenhand hat sie nicht berührt und somit auch nicht verändert. Ihre Unberührtheit ist ein seltenes Terrain, dem man sich vorsichtig annähern muss, um die Verfremdung nicht zu unterstützen. Statik, Balance, Schichtung, Größe und Harmonie scheinen für die Schöpfung der Natur keine Probleme zu sein.

Das letzte Kapitel dieses Buches geht einem anderen Grundgedanken nach. Die „History Rocks" Seite 224 zeigen uralte Versuche des Menschen den Felsen als Bildgrund zu nutzen. Sie wollten sich und ihre Tiere auf den standhaften Felsen verewigen. Sie wollten ihre flüchtige Existenz an die „Unvergänglichkeit" des Steins binden, Botschaften an die kommenden Generationen senden. Dabei ist auch hier eine erstaunliche Bewegung und Dynamik zu entdecken, die die statischen Zeichen weit über den Abbildungscharakter hinaus tragen.

Volkhard Hofer hat seine Faszination für Wüsten, Felsen, Natur und Landschaft in Bilder übertragen, die einerseits ein erstaunliches Resultat der sinnlichen Anschauung transportieren und andererseits Grundfragen, wie das Verhältnis Mensch und Natur, Zeit und Raum, Bild und Abbild thematisieren. Er hat es sich dabei nicht leicht gemacht, aber dem so genannten „Stillen Bild" einen außergewöhnlichen Dienst erwiesen.

Marlene Schnelle-Schneyder

Dr. Marlene Schnelle-Schneyder, ist Photographin, Buchautorin, Kunstwissenschaftlerin und war geschäftsführendes Vorstandsmitglied der DGPh. Ausstellungen, zahlreiche Publikationen.

In der südlichen Sahara gibt es bei Njanet eine Fülle von Tier-, Mensch- und abstrakten Gravuren unserer Vorfahren von vor ca. 8000 Jahren. (Die schriftähnlichen Zeichen stammen aus einer jüngeren Zeit und sind noch nicht entschlüsselt.)
Algerische SAHARA

WIND ROCKS

Im südlichen Nevada, unweit von Las Vegas und dem Lake Mead liegt ein kleines Sandsteinplateau mit sehr fragilen Formationen: Little Finland. Ein rotes Sandsteingebiet, welches sich aus den grauen Gebirgszügen farblich deutlich heraushebt. So eigentümlich der Name, so eigentümlich ist diese kleine Area. Regen und Frost gibt es hier selten. Wind und Sandstürme haben diese Wunder an Formenreichtum und äußerst zerbrechliche Fantasiesteine herausmodelliert.

Wenn man den nicht ganz einfachen Weg dahin findet, sollte man dort unbedingt einen Sonnenauf- und -untergang erleben (mein Credo für alle Landschaftsaufnahmen). Morgens liegen die eigentümlichen Gebilde im rötlich violetten Schatten mit sehr weichen Kontrasten. Extrem rot leuchtet der Sandstein in der untergehenden Sonne. Dieses Rot gibt es nur noch im nicht allzu fernen Valley of Fire. Ich vermute, dass die Sandsteine in unteren Erdschichten zusammenhängen. Salze im Gestein spielen sicher bei der Formgebung auch eine Rolle, sieht man doch mancherorts weiße Salzausblühungen.

Die Magie dieses Ortes mit seinen fiktiven Steincharakteren hat mich so begeistert, dass ich ihnen ausschließlich meine erste Sequenz in diesem Buch widme.

Vom Wind modellierter Sandstein, Little Finland, Nevada, USA

Bilder oben:
Die Farbe des Sandsteins in diesem Gebiet ist bei Sonnenuntergang so intensiv und leuchtend, wie man die Farbigkeit nur noch im nicht allzu fernen Valley of Fire antrifft.

Bild rechts:
Das warme Restlicht kurz nach Sonnenuntergang zeichnete dieses einmalig geformte Fenster besonders weich aus.
Little Finland, Nevada, USA

Bilder oben und rechts:
Immer wieder ist es überraschend, welche seltsamen Formationen einzig und allein die Sandtürme mit ihren turbulenten Wirbeln aus dem Gebiet herausmodelliert haben. Die Sandsteinformationen sind sehr zerbrechlich, daher sollten wir Menschen beim Erosionsprozess nicht einwirken.

Nächste Doppelseite 32/33:
Dieser Stein ist ein Abbruchstück und liegt im unteren Bereich des Sandsteinmassivs, wo zwei kleine Quellen austreten und sich die Tiere der Wildnis in dieser Trockenzone über das spärliche Wasser freuen.
Little Finland, Nevada, USA

Bild oben und rechts:
Land der Kobolde und Fabelwesen. Dieses Gebiet wird deshalb auch „Hobgoblins Playground" genannt.
Der Sandstein selbst bildete sich durch Wanderdünen vor Millionen Jahren, als die Dinosaurier die Erde bevölkerten. Bilder des frühen Morgens, als sich die Sonne noch hinter den Bergen versteckte.
Little Finland, Nevada, USA

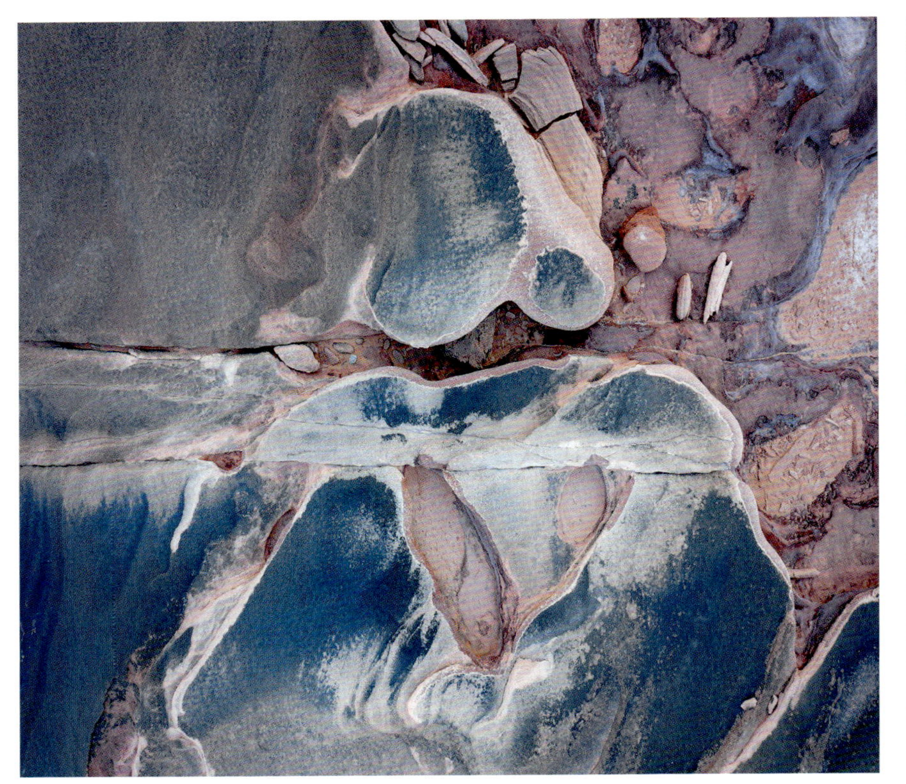

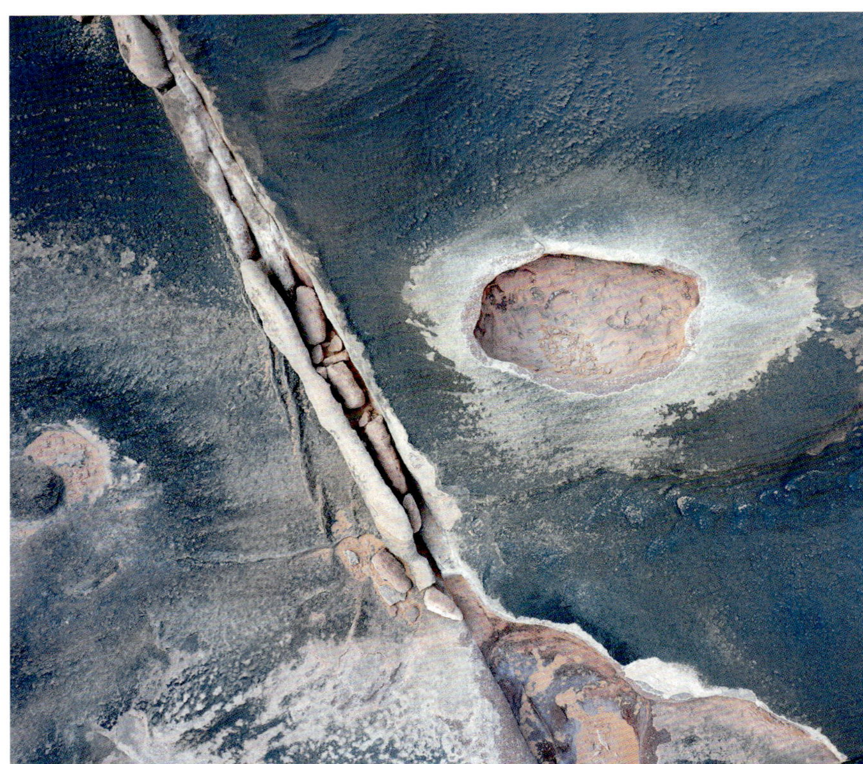

Bilder oben:
In diesem kleinen „Universum“ gibt es nicht nur außergewöhnliche Winderosionen.
Hier fand ich auch diese farblich eigenwillige Bodentextur als abstrakte, grafische Bilder.
Salzausblühungen sind deutlich erkennbar. Grünblaue Algen haben sich angesiedelt.

Bild rechts:
Im Auflösungsprozess befindet sich der obere Teil eines noch „stabilen“ Sand Rocks.
Little Finland, NEVADA

Bilder oben und rechts:
Visuell suche ich nicht so sehr nach Fabelwesen, mich erfreut speziell die visuelle Ausformung mit ihrem Detailreichtum. Dass die Sonne sich kurz hinter den Wolken versteckte, kam der weichen Durchzeichnung in den Bildern zugute.

Nächste Doppelseite 40/41:
„Hobgoblins Playground" ist von der Fläche her nur ca. 1,5 Quadratkilometer groß. An der Abbruchkante nach Süden sind die spektakulärsten Durchbrüche.
Little Finland, Nevada, USA

BALANCE ROCKS

Begriffe und Namen für diese mystischen Steine sind vielfältig. Cap Rocks, Feenkamine, Pilzsteine, Felstürme, Mushrooms etc. Der Name Balance Rocks benennt diese eigentümlichen Decksteine am besten. Es gibt sie auf der ganzen Welt. Das System ist immer das gleiche. Härteres Gestein schützt wie von oben abgeschirmt das untere, erodierende Gestein, welches meist aus Sandstein, Tuff oder sehr oft aus Chinle besteht.

Badlands aus Chinle in den USA erstrecken sich über Nevada, Utah, Arizona bis hin nach New Mexico. In meinem Buch „View Points“ stellte ich schon eine ganze Reihe dieser Balancierer vor. Hier die neuen. Andere Formen, anderes Licht, andere Destinationen.

In unwirklichen Steinwüsten verstecken sie sich. Unbedeutend, bescheiden und doch ein wenig stolz in den Himmel ragend. Die Vergänglichkeit ist Ihnen anzusehen.
Einen der schönsten, den ich vor 15 Jahren im Grand Staircase Escalante, Utah fand, gibt es nicht mehr.

Nicht ewig überdauert, was sich über Jahrtausende gebildet hat, ist nichts weiter als eine Zwischenanmerkung der Natur.

Beim ersten Morgenlicht balanciert ein Sandstein auf einem Chinle-Sockel.
Ah-Shi-Sle-Pa, New Mexico, USA

Bild oben und rechts:
Vor Sonnenaufgang unterwegs. Das weiche Licht des Morgens ist für mich meist interessanter
als das direkte Licht auf den balancierenden Objekten.

Bild oben:
Ein „Doppel-Hoodoo“, wie die Amerikaner diese Gebilde nennen, thront auf einem erodierten Sockel.

Bild rechts:
In der weiten Landschaft hat die Erosion noch eine Burg aus Stelen „vorübergehend“ zurückgelassen.
Ah-Shi-Sle-Pa, New Mexico, USA

Bild oben:
Gewaltige Steinbrocken erheben sich in den Himmel. Im Hoodoo Forest trifft man auf gewaltige Figurationen dieser Art.
Grand Staircase Escalante, Utah, USA

Bild rechts:
Eine extrem rote Sandsteinschicht bildet die Gauben auf diesem vielschichtigen „Kirchturm".
Blue Canyon, Arizona, USA

Nächste Doppelseite 48/49:
Ein geniales Bild für eine Doppelseite. Die balancierenden Rocks sind mit etwas über 2 Meter Höhe gar nicht so riesig.
Phänomenal in ihrer Komposition und Anordnung kann man sie im frühesten Morgenlicht so beobachten.
Ah-Shi-Sle-Pa, New Mexico, USA

Bilder oben und rechts:
Mit den Touristen an einem verregneten Tag bei den „Feenkaminen“ in Göreme.
Basaltsteine thronen fest und markant auf vulkanischem Tuff.
Ab dem dritten Jahrhundert wurden unzählige Wohnungen und Kirchen in diesem großräumigen Gebiet direkt in den weichen Tuffstein gebaut.
Kappadokien, TÜRKEI

Bilder oben:
Wasser hat das weiche Chinle- und Sandsteinmaterial abgetragen und Kathedralen und Burgen gebaut.

Bild rechts:
Ganz sicher sind die hier thronenden Sandsteine ganz außergewöhnliche Naturphänomene,
nicht nur in ihrer Größe, sondern in ihrer einmaligen von der Natur gegebenen spektakulären Anordnung.
Ah-Shi-Sle-Pa, New Mexico, USA

Nächste Doppelseite 54/55:
Dies ist der leicht erreichbare und zwischenzeitlich bekannte „Toadstool-Hoodoo“ (rechts). Zum Sonnenuntergang ein beliebtes Ausflugsziel.
Utah, USA

Bilder oben:
Andere Formationen, andere Kompositionen, wunderschöne Balance Rocks.
Wahweap Creek, Utah, USA

Bild rechts:
Der erste weiche Sonnenstrahl bringt Farbe ins Bild ohne die Details zu beeinflussen.
In diesem weitläufigen Gebiet findet man versteinertes Holz, mit viel Glück
fossile Knochenstücke aus Urzeiten, mit sehr viel Glück Schildkrötenpanzer aus Stein.
Ah-Shi-Sle-Pa, New Mexico, USA

LAVA ROCKS

Die Aufnahmen dieser Vulkanite sind durch vulkanische Tätigkeit entstandenes Gestein. In meiner Sequenz sind es Bilder von Hawaii und Island. Lava ist die Bezeichnung für eruptiertes Magma, welches in sehr unterschiedlichen Formen in Erscheinung tritt. Die dünnflüssige Pahoehoe-Lava auf Hawaii ist visuell die schönste, da in der raschen Abkühlung bizarre Formen und Strickmuster entstehen. Mit Glück vor Ort am Vulkan Pu'u 'O'o auf Hawaii kann man diesen Prozess beobachten.
Ein famoses Schauspiel der Natur, den Entstehungsmoment von pittoresken Steinformen mitzuerleben, wie aus der glühenden Schmelze ein festes wohlgeformtes Steinmaterial wird, das Jahrzehnte vielleicht auch Jahrhunderte überdauert.

Der Ausbruch von Vulkanen ist das spektakulärste und gefährlichste Ereignis, mit dem uns die Urkraft der Natur vorführt, dass alle grundlegenden Prozesse sich menschlicher Kontrolle entziehen.

Krater an Krater reihen sich in der Laki-Spalte 25 Kilometer lang aneinander.
Luftaufnahme, Laki-Vulkane, ISLAND

Bild oben:
Die Pahoehoe-Lava ist eine dünnflüssige und in der Zusammensetzung einmalige Lava, die beim Erkalten die eigentümlichsten Formen erzeugt, wie z. B. dieser zu Stein gewordene Wasserfall an einer Steilküste zum Ozean.

Bild rechts:
Falten einer fast kreisförmigen Draperie umschließen eine zuvor erkaltete „Stützsäule".

Nächste Doppelseite 62/63:
Die gleiche schöne Lava im Moment des Erstarrens. Hier zeigt sie eine fast glatte, silbrige Oberfläche. Ältere Schichten werden immer wieder von neuen Schmelzen überdeckt.
Kilauea, Hawaii, USA

Bild oben:
Waagerecht liegende Basaltsäulen sind selten.
Einige der fünfkantigen Säulen zerfallen in grafische Muster.
Hljodaklettar, ISLAND

Bild rechts:
Diese einmaligen Basaltsäulen gehören zu den längsten
und wohlgeformtesten Säulen in Island.
Sie werden nur unter der Voraussetzung einer sehr langsamen
Abkühlung fünf- oder sechskantig ausgebildet.
Beim Litlanesfoss, ISLAND

Bilder oben und rechts:
Solch einmalige Falten-Draperien bildet nur die Pahoehoe-Lava des Pu'u 'O'o-Kraters.
Wer denkt sich solche Strickmuster aus?
In diesem Gebiet gibt es laufend neue Lavaausbrüche, daher nehme ich an,
dass jetzt diese noblen Oberflächen schon von neuen Mustern überdeckt sind.
Kilauea, Hawaii, USA

Bilder oben und rechts:
Die Laki-Spalte ist selbst nach dem Ausbruch vor ca. 230 Jahren mit ihren rund 130 Einzelkratern ein einmaliges Erlebnis, zumal aus der Luft betrachtet. In Bezug auf die Lavamenge war es der größte Ausbruch geschichtlicher Zeit. Heute schlummern die Vulkane friedlich und sind weich überdeckt mit einer tiefen Moosschicht.
Luftaufnahme Laki, ISLAND

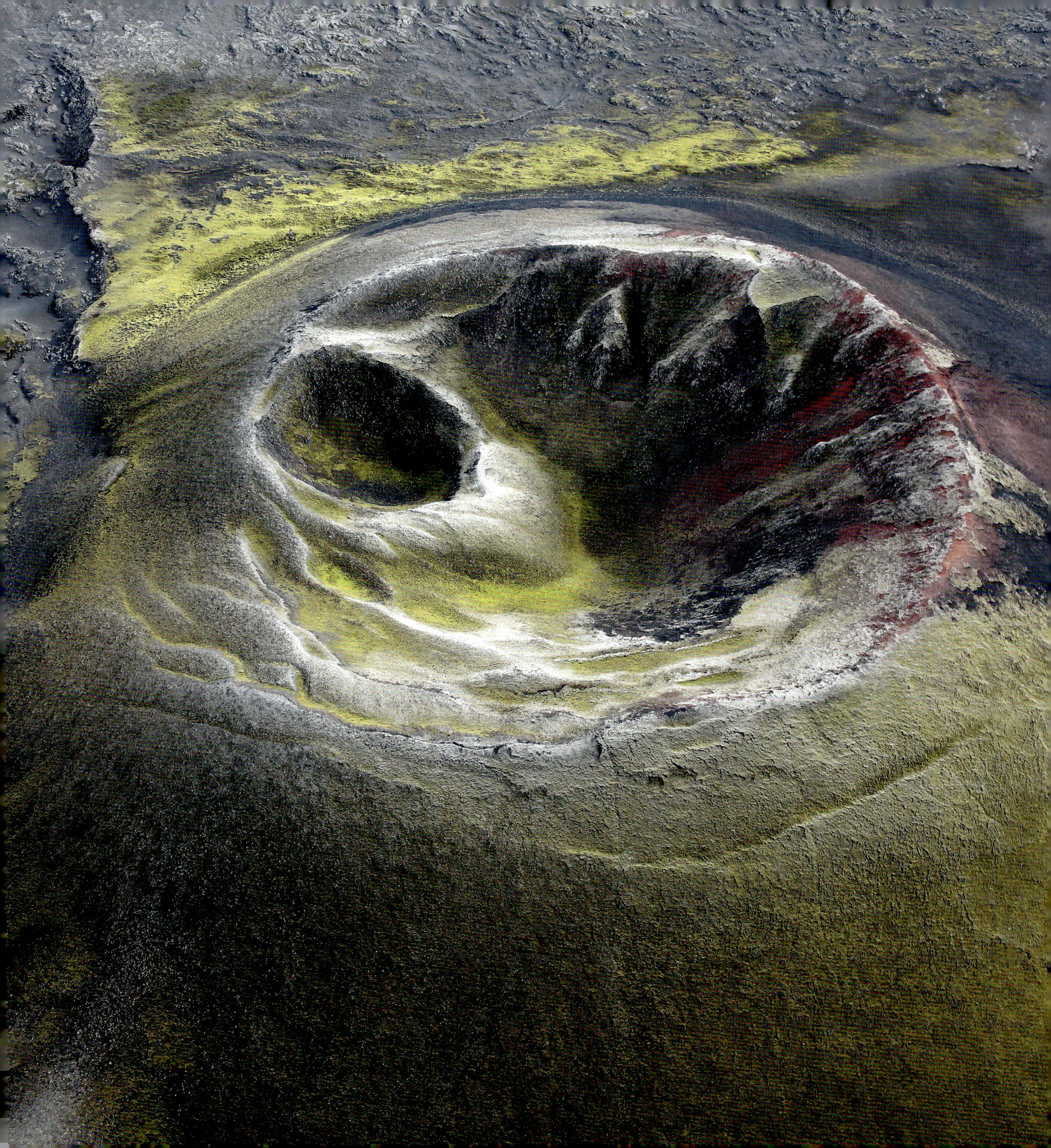

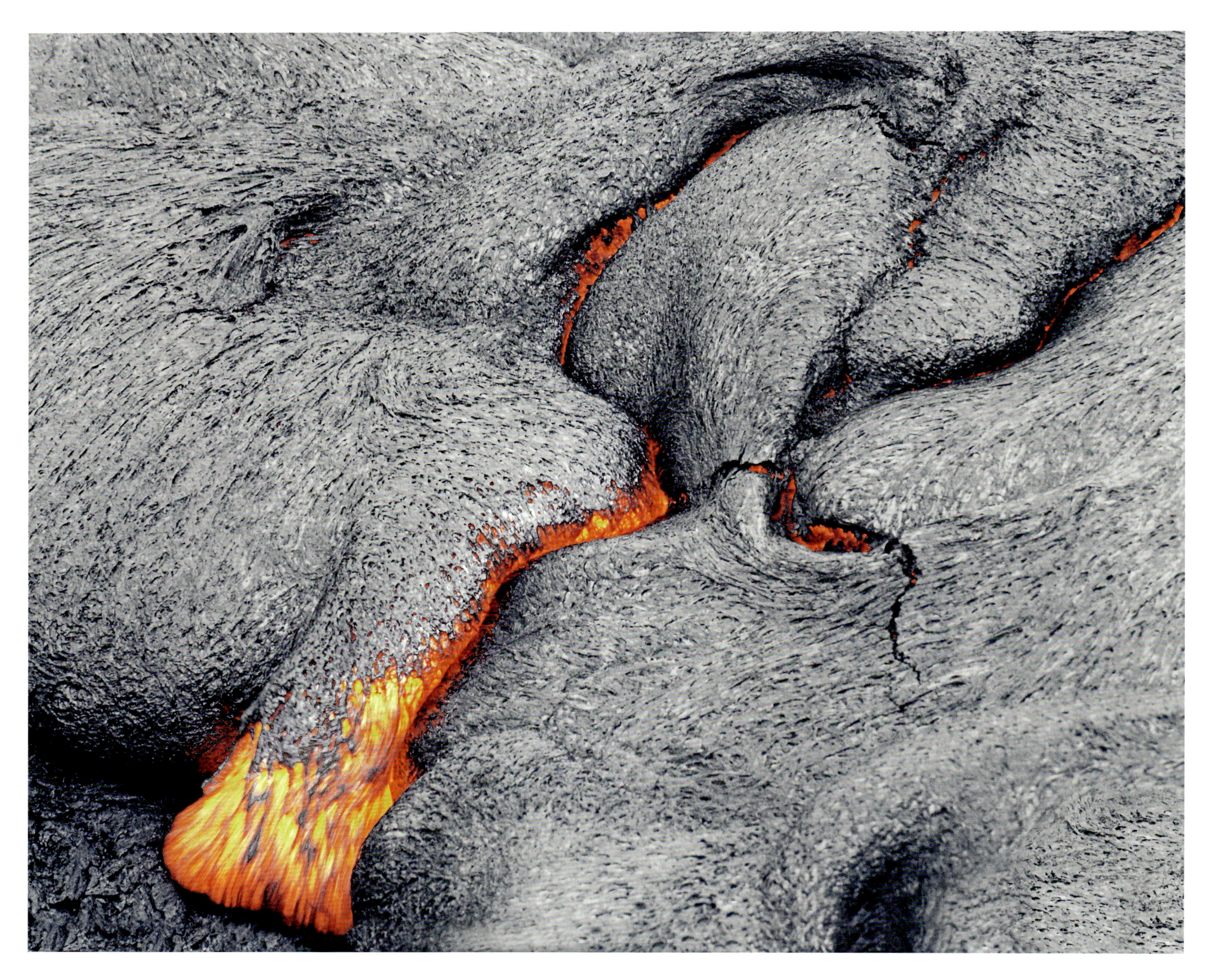

Bild oben und rechts:
Flüssige Lava im Moment des Erstarrens zu betrachten ist ein unvergleichliches Erlebnis. Die Zeit hält plötzlich in Sekunden die Formen fest, bis kurz oder sehr lang neue Lava oder aber die Fauna Besitz ergreift.
Kilauea, Hawaii, USA

Bild oben:
Ein rotglühender Lavastrom bricht hervor. Die Hitze und das Hitzeflimmern sind die Probleme der Aufnahmen.

Bild rechts:
Ein nicht schöner zu gestaltender Faltenwurf, wie aus Blei geformt, hat das Element Lava hier im Bild hinterlassen. Die Schmelze enthält alle Mineralien und Stoffe, die für die neue Vegetation lebenswichtig sind.
Kilauea, Hawaii, USA

WATER ROCKS

Seit Milliarden Jahren formt Wasser unsere Erde. Nicht nur an den Küsten verändern der unbändige Wille und die Kraft des Urelementes die Kontinente, auch auf dem Festland schafft es sich mit seiner kinetischen Energie seine „Lebensadern" – seine Canyons. Niemand kann es auf seinem Weg ins Meer aufhalten. Gebirge werden zu Kiesel und Küsten zu Sand.
Der Prozess der Formung beginnt mit der Reibung, in reißenden Flüssen werden Steinkanten gebrochen, an Küsten poliert der Sand bizarre Ausformungen. Kiesel, wohlgeformte geschliffene Steine mit und ohne Quarzlinien sind Synoym, erzählen uns viel über die tektonischen Kräfte, vor allem aber über die des Wassers, das aus einem vom Eis herausgesprengten Stück kantigen Fels einmalige, eingenständige und zauberhafte Rundskulpturen designt.

Diese Seite widme ich Herrn Herbert Ullrich aus Lindau,
mit dem ich netten Kontakt habe und der die imposanteste Sammlung von Rheinkieseln sucht, sammelt und besitzt.

Bild oben und rechts:
Gletscher und später das Geröll haben mit der Kraft des Wassers in einer rotierenden Bewegung Wasserlöcher aus dem Fels herausmodelliert.
Selbst der härteste Granit lässt sich durch die stete Bewegung des Wassers formen.
Honnevje, Otra, NORWEGEN

Nächste Doppelseite 77/78:
Tagsüber ist dies ein aschgrauer Lavafelsen, der bei Flut kaum sichtbar ist.
Doch im letzten Strahl der untergehenden Sonne verwandelt er sich in einen markant vergoldeten Fels, mit einem eigenen, kleinen Pool neben der Brandung.
El Golfo, Lanzarote, SPANIEN

Bilder oben und rechts:
Üppiger Algenbewuchs zeigt wie wohl sich diese Art der Fauna auf diesen Steinen fühlt, die nur bei Ebbe sichtbar werden.
Ein Regentag im Süden Islands bringt zauberhaft zarte Farben.
Bei Djúpivogur, ISLAND

Bild oben und rechts:
Seitenarme des Colorado haben diese Felslabyrinthe aus rotem Navajosandstein in vielen Jahrtausenden eingegraben. Nur als Luftaufnahme ist so ein Einblick möglich.
Seitencanyon des Lake Powell, Arizona, USA

Bild oben und rechts:
Als Schöpfungselement hat das Wasser den Auftrag, den Naturkreislauf
aufrecht zu erhalten. Seine kinetische Kraft verändert stetig alle Küsten der Kontinente.
Wie oft wurden diese Steine von der Brandung bewegt, um ihr jetziges formschönes
Aussehen zu erlangen?
Audierne, Bretagne, FRANKREICH

Nächste Doppelseite 86/87:
In der blauen Stunde auf den Westeraalen. Die flachen Felsrücken im Nordmeer
strahlen eine besondere Ruhe aus.
Westeralen, NORWEGEN

Bild oben und rechts:
Diese Wassersteine werden tagtäglich, Jahr für Jahr,
in der meist sehr starken Brandung des Nordatlantiks bearbeitet.
Große Steine werden zu kleinen Kieseln. Kieselsteine werden zu Sand.
Auch hier Vergänglichkeit, aber in einer riesigen Zeitdimension.
Dritvik, ISLAND

Bilder oben und rechts:
Diese Red Cap Rocks waren Stromatoliten. Als der Meeresspiegel sank, beendeten sie ihr Wachstum vor ca. 500 Millionen Jahren.
Der Grund für die Farbgebung ist strittig. Es könnte der Eisengehalt des Wassers oder aber Bakterienbefall die Pigmentierung hervorgerufen haben.
Shark Bay, WEST-AUSTRALIEN

Nächste Doppelseite: 92/93
Ein in sich ruhendes, fast farbloses Bild mit bizarren Felsnadeln.
Doch gerade hier kann der Nordatlantik gewaltig toben.
Reynisdrangar, Vik, ISLAND

Bilder oben und rechts:
Durch Auffaltung der Alpen, durch die Erdplattenverschiebung entstanden Risse und Brüche im Fels. Dort drang das weiße Milchkalzid ein. Eis sprengte den harten Fels. Das Wasser formte ihn schließlich zur einmaligen, weichen Rundskulptur mit seinen feinen Liniengrafiken auf seinem nassen Weg ins Rheintal.
Findlinge aus dem oberen Rheintal, LIECHTENSTEIN

Bild oben und rechts:
Einzigartig sind ursprünglich diese Wassersteine von den Gletschern der Alpen geschliffen worden.
Sie zeigen vielfarbige Marmorierungen. Das blaugrüne Wasser bearbeitet sie weiter und sucht sich seinen Weg durch dieses schöne, ausgewaschene Felsental.
Val Verzasca, SCHWEIZ

Bild oben:
Die Entstehungsgeschichte dieser bis zu 2 Meter großen Boulders ist noch nicht eindeutig geklärt.
Sie formten sich in 4 Millionen Jahren um einen festen Kern aus Mineralien und Kalzium,
umhüllt wurden sie von Tonstein.
Moeraki, SÜD-NEUSEELAND

Bild rechts:
Diese recht unscheinbaren Stromatoliten mit ihren Mikroorganismen brachten vor ca. 3,5 Milliarden Jahren
den ersten Sauerstoff auf die Erde. Dieses war bahnbrechend für die Entwicklung atmender Lebewesen.
Es gibt sie heute nur noch an 2 Stellen der australischen Westküste.
Wenn die Flut sie mit Wasser überdeckt, sieht man Sauerstoffblasen aufsteigen.
Shark Bay, WEST-AUSTRALIEN

JASPIS ROCKS

Diese Jaspis-Aufnahmen entstanden bei dem kleinen Ort Marble Bar in West-Australien, den ich mit Hilfe eines Freundes fand. (Der Name Marble Bar leitet sich von der Jaspis-Formation ab, welche die ersten Siedler vor Ort mit Marmor verwechselten.)

Ein schmaler Jaspisrücken wurde vom Coongan River durchbrochen. Seine farbigen Oberflächen in vielen Jahrtausenden glattgeschliffen und poliert.
Dieser Jaspis zählt mit mehr als 3 Milliarden Jahren zu den ältesten Gesteinen im East Pilbara in Australien und ist einer der farbigsten aller Steine.
Die gebänderten Streifen ergeben sich aus Abscheidung und Kompression farbiger Sedimente.
Das Eisenoxydmineral Hämatit bewirkte in Urzeiten die Rotfärbung der Streifen. Jaspis wird oft auch als geschliffener Schmuckstein verwendet.

Bei meinen Bildern geht es mir nicht um fotografische Gesteinsbeschreibung oder Petrofotografie. Diese „Banded Rocks" sind Bilder, deren Schöpfung am Anfang der Erdgeschichte stand und deren Entdeckung in der linearen Abstraktheit mir sehr viel Freude bereitet.

Der Coongan River hat auf seinem Weg zum Meer einen Jaspisstein poliert.
Nord-West-AUSTRALIEN

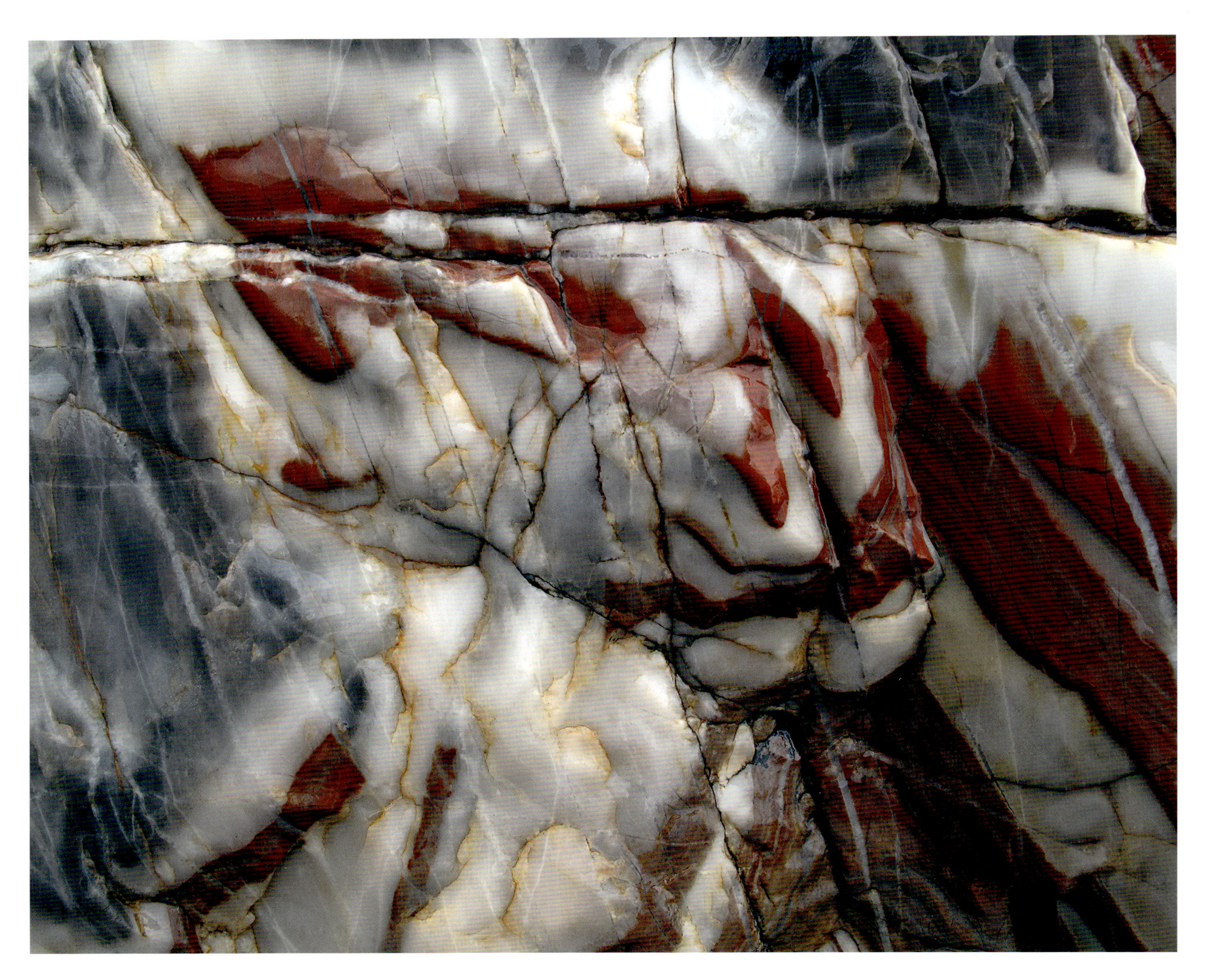

Bild oben und rechts:
Jaspis ist ein sehr feinkörniger Quarz, ihn in der Natur als einen massiven Bergrücken zu finden, den ein Fluss durchbrochen hat, ist ein Erlebnis. Diese erdgeschichtlich sehr alten Gesteine gibt es in den unterschiedlichsten Färbungen. Auf diesen beiden Jaspis-Bildern – die den Naturschliff vom Wasser haben – überwiegt die rot-weiße Marmorierung.

Nächste Doppelseite 104/105:
Ein farbiges Linienspiel. Durch tektonische Verwerfungen entstanden Risse und Spalten.
Marble Bar, WEST-AUSTRALIEN

Bilder oben:
Rötliche Eisenmineralien sind in die Bruchkanten des Jaspis eingedrungen und erzeugen ein eigenwilliges Liniengeflecht.

Bild rechts:
Durch die Kompositionen der roten Flächen auf dem neutralfarbenen Stein entsteht ein sehr plakatives Bild.
Die Feuchtigkeit auf dem Stein intensivierte die Farbe.
Marble Bar, WEST-AUSTRALIEN

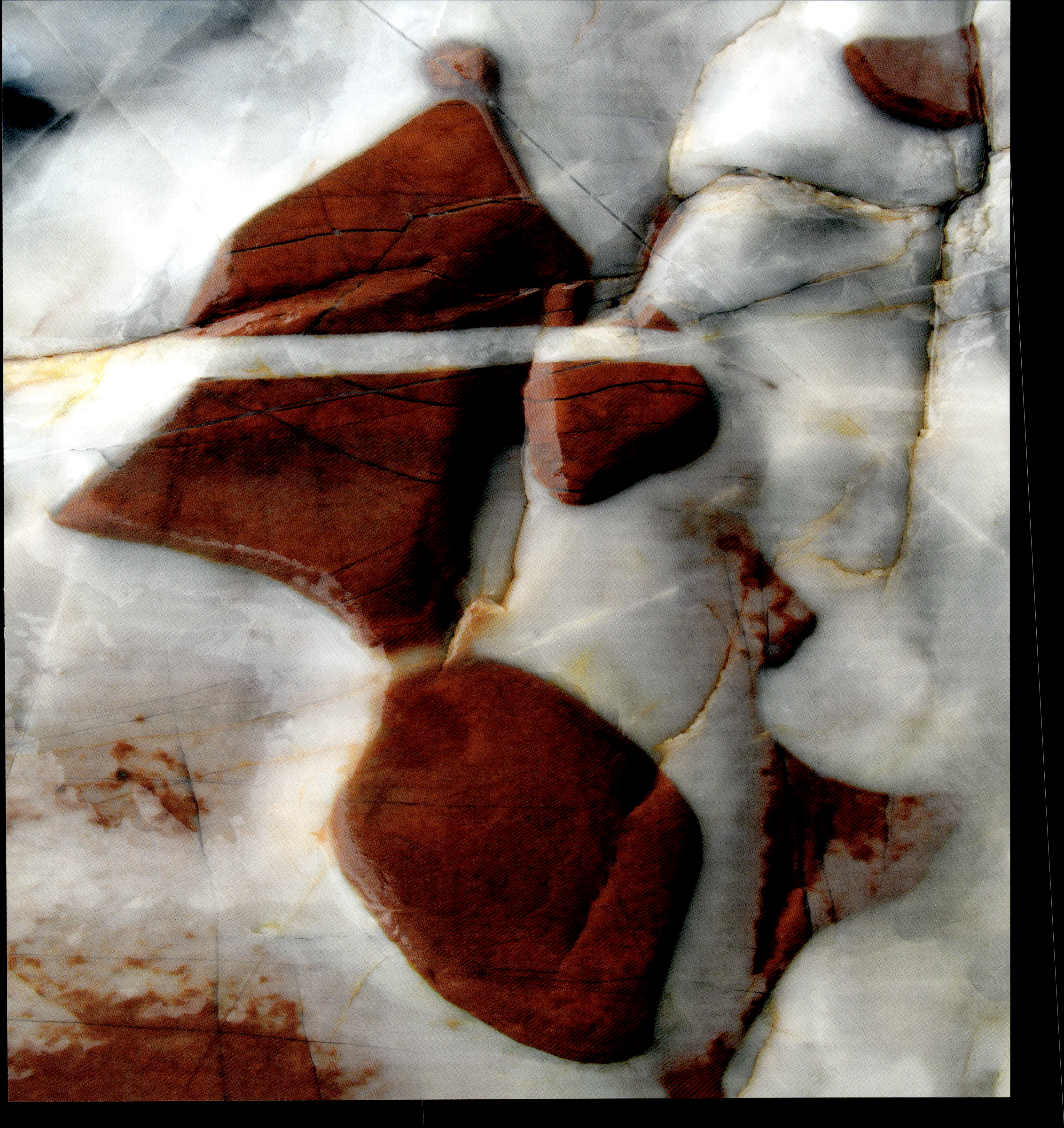

Bilder oben und rechts:
Für das vielfarbene Erscheinungsbild des Jaspis ist die Beimengung von Tonerde, Eisenoxid, Mangan und anderen Mineralien entscheidend. Am Flussufer des Coongan River gab es sehr schöne Farbdetails. Flächen und Linien ergänzen sich als grafisches Spiel.

Nächste Doppelseite 110/111:
Im Bild überwiegt rechts das Rot und links das Weiß, eine fast klassische Rot-Weiß-Komposition. Ohne den Regen wäre die Farbigkeit auch hier nur halb so intensiv.
Marble Bar, WEST-AUSTRALIEN

Bild oben:
Ein mittenzentriertes Bild. In sehr vielen und sehr kleinen Details ist gewissermaßen eine Grundordnung erkennbar.

Bild rechts:
Die diagonale Bruchkante bringt Spannung ins Bild. Wie viele Abermillionen Jahre hat das Wasser gebraucht, um diese Flächen so glatt zu polieren?
Einige der Jaspisbilder erinnern mich sehr an meine farbigen Petrifieds-Aufnahmen aus den USA, die ich in meinem Buch: „WUNDER WELT“ zeige.
Marble Bar, WEST-AUSRALIEN

Bilder oben:
Strenge und recht freie Formen gibt es am Coongan River überall zu entdecken.
Über das „Glück der nassen Tage“ freue ich mich der Farbigkeit wegen, heute noch.

Bild rechts:
Grau umschließt ein farbiges Zentrum mit erstaunlich vielen Farbnuancen.
Die halbtransparente Wirkung ergänzt die Schönheit der von der Natur geschenkten Jadesteinbilder.
Marble Bar, WEST-AUSTRALIEN

SAND ROCKS

Sandstein ist, außer in den reinen Lavagebieten z. B. Hawaii, Island etc., das meist verbreitete Gestein auf unserer Erde. Es besteht überwiegend aus Quarzen unterschiedlicher Aushärtungen, wie an den erhabenen Schwingungen rechts im Bild erkennbar ist.
In Deutschland gibt es mehr als 10 Sandsteinabbaugebiete, aus denen Prachtbauten im In- und Ausland entstanden sind.
In der Natur gibt es Sandstein-Highlights von ungeahnter Schönheit, die ich hier gerne vorstelle. Coyote Buttes, Antelope Canyon, White Pockets, Blue Canyon, Valley of Fire sind nur einige der grandiosen Destinationen in den USA.

Bei den Sandsteingebirgen hierzulande – Externsteine, Elbsandsteine, Wesersandsteine etc. – findet man überwiegend eine üppige Vegetation, entgegen den Sandsteinskulpturen in den USA, die meist freistehend in den glasklaren Himmel ragen. Besonders auffällig sind dort die Schichtenbildung, die Reliefformationen oder die Rundhohlräume (Salzlöcher).

Sand, einst vor 150 Millionen Jahren von der Kraft des Meeres erschaffen, verfestigte sich als Fels. Durch Erosion, Wind und Wasser und wie durch einen Natursandstrahl wurden dann diese Naturdenkmale herausmodelliert, eine Metamorphose.
Es sind die Bilder des natürlichen Wandels.

Elegante Schwünge wurden vom Wind herausmodelliert und kommen im Abendlicht besonders zur Geltung.
Coyote Buttes, Arizona, USA

Bild oben und rechts:
An diesem Platz der Erde hat der Sandstein seinen ureigenen, ungewöhnlichen Charakter. Bislang hatte ich ihn so noch nicht gesehen. Derartige beeindruckende Farben und Formen in den Bergkuppen und Hängen begeistern jeden, der hierhergefunden hat.

Nächste Doppelseite 120/121:
Eines dieser Bergmassive im Nachmittagslicht. Farbbänder in Rot und Gelb befinden sich überall unter den weiß-grauen „Brain Rock“-artigen Pockets. Das Arizonablau verstärkt die Farbwirkung und lässt die Farbschichtungen intensiv leuchten.
White Pocket, Arizona, USA

Bilder oben und rechts:
Auch diese Chinle-Sandsteinformationen sind einmalig.
Auf einem recht kleinen Areal ragen diese vom Wasser ausgefurchten Wände in den Himmel. Bei meinem ersten Besuch dort war das Sonnenlicht zu hart. Beim zweiten Mal waren die Lichtverhältnisse für diese „Kathedralen“ fast optimal.
Cathedral Gorge, Nevada, USA

Bild oben und rechts:
Im Valley of Fire gibt es unzählige, kleine Sand Caves, in die man hereinkrabbeln kann, um sie zu betrachten oder sie zu fotografieren. Auch hier ist das Licht ideal, wenn es nicht direkt einfällt, sondern von den roten Sandsteinbergen gegenüber reflektiert wird und dann die Caves weich und warmtönig ausleuchtet.
Valley of Fire, Nevada, USA

Bild oben:
Die Erosion hat auch hier ganze Arbeit geleistet. Die skurrilen Formen bestehen in diesem Gebiet oftmals als löchrige Kleinsthöhlen. Diese und andere schöne Details und Motive findet man auf dem „White Domes Trail“, den man als Besucher im Valley of Fire nicht verpassen sollte.
Valley of Fire, Nevada, USA

Bild rechts:
Der Wind hat hier im weichen Sandstein einen Canyoneingang modelliert. Sehr weit kann man nicht vordringen, steiler Fels und Sand verhindern das Weiterkommen.
Tadrart Gebiet, ALGERIEN

Bild oben und rechts:
In diesem Gebiet des Paria Plateau gibt es viele eigenwillige Skulpturen aus unterschiedlichen Quarz-Sand-Schichtungen. Von den Sandstürmen der Urzeit vor ca. 150 Millionen Jahren wurden die Sandberge in ganz unterschiedlichen Schräglagen abgelegt. Heute werden diese Teepees wie mit einem Sandstrahl wieder herausgelöst.
Cottonwood Teepees, Paria Plateau, Arizona, USA

Bild oben und rechts:
Auf dem Top des Paria Plateau gibt es eine kleine Wind Cave.
Erreicht man sie bei blauem Himmel und indirektem Licht, ergeben sich sehr feine Farbnuancen.
Allein der Wind mit seinen Sandpartikelchen hat dieses Werk mit seinen Texturen erschaffen.
Paria Plateau, Arizona, USA

Bild oben und rechts:
Bei den Coyote Buttes liegt oben auf den Bergen die „Melody Arch“.
Vor über 30 Jahren, als ich das erste Mal dieses Gebiet erkundete, bin ich
ca. 70 Meter an dieser fantastischen Naturstelle vorbeigelaufen, ohne zu ahnen,
dass es hier zusammenhängend eine Cave, einen Arch und ein Window gibt,
mit einer grandiosen Aussicht auf die Cottonwood Teepees.
Coyote Buttes North, Arizona / Utah, USA

Bild oben und rechts:
Im Hopi-Indianerland liegt der Blue Canyon in der Moenkopi Wash.
Der Name „Blue Canyon“ ist nicht korrekt. Es ist weder ein Canyon, noch ist er blau.
Trotzdem ein ungewöhnlicher Ort. Am eindrucksvollsten sind die extrem roten
Sandsteinzipfelmützen auf den weichen Chinlesockeln.
Manchmal wird er auch Moskito Canyon genannt, was aus meiner Erfahrung besser passt.
Blue Canyon, Arizona, USA

Bild oben und rechts:
Hier noch einmal die White Pockets mit ihren wundersamen Einfärbungen.
Zum späten Abend bezog sich der Himmel und die Pockets sahen
mit gedeckten Grau-Rot-Tönen noch surrealer aus.
Überwältigt, kann man es nur mit einem Wort ausdrücken: Unglaublich!

Nächste Doppelseite 138/139:
Die Schöpfung mit ihren unermesslichen Zeiträumen hat ein Spektakel
an Formen und Farben geschaffen, die kaum vergleichbar sind.
Diese, in den Ausmaßen recht kleine Area hat mich außerordentlich beeindruckt.
White Pocket, Arizona, USA

Bilder oben und rechts:
Den Antelope Canyon habe ich in Büchern und Kalendern schon des Öfteren gezeigt und beschrieben. In dieser Sequenz „Sand Rocks“ müssen zumindest ein paar Ausschnitte dieser spektakulären Schlucht gezeigt werden. Erstaunlich, wie das Wasser diese feinen Linien und Texturen ausgewaschen hat.
Lower Antelope Canyon, Arizona, USA

Bild oben und rechts:
Die charakteristischen Kalksteinsäulen der Pinnacles in Australien
entstanden durch Baum- und Pflanzenbewuchs in einer Wanderdüne.
Wasser, Kalk und Mineralien zementierten die Sockel in vielen Jahrtausenden.
Jetzt bewundern wir sie als surrealistische Säulenreste, die wie Stalakmiten
im Sand dieser kleinen, australischen Wüste stecken.
WEST-AUSTRALIEN

Bilder oben und rechts:
Wilde Künstler haben sich hier nicht mit weißer Farbe ausgetobt.
Wie auch immer, die Natur gibt uns diese kalligrafischen Zeichen als Rätsel zur Entschlüsselung auf. Ich bin erstaunt über die unerschöpfliche Fantasie der Natur mit ihren eigenwilligen Darstellungsmöglichkeiten.
Blue Canyon, Arizona, USA

Bild oben und rechts:
Die Schluchten des Paria River entlangzulaufen ist einer der schönsten Trekkingwege im Utah/Arizona-Gebiet.
Ein bis vier Tage kann man, je nach Kondition, im Flussbett entlanglaufen.
An den Wänden der imposanten Narrows findet man unter vielen anderen interessanten Motiven auch diese vom Wasser ausgewaschenen Sandstein-Caves.
Paria Canyon, Utah/Arizona, USA

SINTER ROCKS

Fremdartige Schönheit und bizarre Linieneigenwilligkeit verdanken wir dem Wasser. Neben der wundersamen Kraft der Selbstreinigung kann Wasser kristalline Strukturen aufnehmen und anderorts wieder ausschwemmen.

Sinter sind Kalk-, Schwefel- und Mineralausbildungen, die sich besonders schön um heiße Quellen, Fumarolen, Solfatare und Geysire in fantastischen Formen und Terrassen bilden. Es gibt viele Möglichkeiten der Versinterung.
In Höhlen, wo das der Schwerkraft gehorchende Wasser Sinterpaläste von oben nach unten baut, im Gegensatz dazu wird in heißen Quellen der Sinter vom tiefsten Erdinneren nach oben transportiert. Hier bilden sie Kaskaden und ausgefallene Liniengrafiken aus Stein, insbesondere am Rande der Heißwasserpools.

Auf der Erde gibt es nicht allzu viele dieser fantastisch anzuschauenden Sinterquellen. Das durch Erdwärme erhitzte Sinterwasser muss Kalkgestein und Mineralien durchdringen und lösen. Das ist die Voraussetzung für den prachtvollen Schmuck und die faszinierenden Steinbilder, die es zur Freude der Anschauung für uns formt.

Schwefelsinter im heißen Wasser, Hveravellir, ISLAND

Bild oben und rechts:
Die eigenwillig geformten Kantenbegrenzungen der heißen Quellen beeindrucken.
Diese Aufnahmen sind etwas älter. Interessant wäre für mich zu wissen, ob und wie sich
der Sinter in den Jahren verändert hat.
Doublet Pool, Yellowstone, Wyoming, USA

Nächste Doppelseite: 152/153
Dieses kleine und feine Liniengitter aus Sinter fand ich bei idealem Licht
im isländischen Geysirgebiet. Die Abbildung entspricht etwa 1:1 der Originalgröße.
Haukadalur, ISLAND

Bild oben und rechts:
Die weltbekannten Kalksinterterrassen von Pamukale waren in den neunziger Jahren
dem Untergang geweiht, weil die dort gebauten Hotels den Terrassen fast das ganze Wasser entzogen.
Doch zur Jahrhundertwende wurden alle Hotels abgerissen. Seitdem bemüht man sich,
den natürlichen Prozess der Versinterung wiederherzustellen.
Pamukale, TÜRKEI

Bilder oben und rechts:
Im schwer zugänglichen Gebiet der Vulkanregion Danakil in Äthiopien befindet sich Dallol, eines der farbigsten Sintergebiete unserer Erde.

Bilder oben:
Die einzigartigen Formen, Gebilde und Fumarolen aus fragilem Schwefelsinter zeigen sich nach Trockenlegung des Mineralzuflusses.

Bild rechts:
Terrassenartig bilden sich kleine Pools. In vielen hundert Meter Tiefe löst das heiße Grundwasser Kalk, Schwefel, Kaliumsalze sowie viele andere Mineralien, die es an der Oberfläche in unglaubliche Sinterformen ausschwemmt.
Danakil, Dallol, ÄTHIOPIEN

Bild oben und rechts:
Immer wieder überraschend sind die Vielfältigkeiten der Versinterungen.
Bei diesen Aufnahmen aus dem Yellowstone sind es die kleinporigen Details,
die eine optische Weichheit der Gesamtform erzeugen. Die verhaltene
Farbigkeit verleiht zusätzliche Anmut.
Spasmodi Geysir, Yellowstone, Wyoming, USA

Bild oben und rechts:
Ebenfalls im Yellowstone NP befinden sich diese knollenähnlichen Gebilde. Vermutlich waren es Kieselsteine, die übersintert wurden. Der gelbe Grund ist die Schwefelablagerung am Boden.
Yellowstone NP, Wyoming, USA

Nächste Doppelseite 162/163:
Spiel der Linien. Die beiden kleinen Geysire rechts und links oben stoßen in unregelmäßigen Abständen heißes Wasser aus, das diese Stonelines aus Sinterschwefel wachsen lässt. (In Island gibt es ca. 26 aktive Geysire.)
Hveravellir, ISLAND

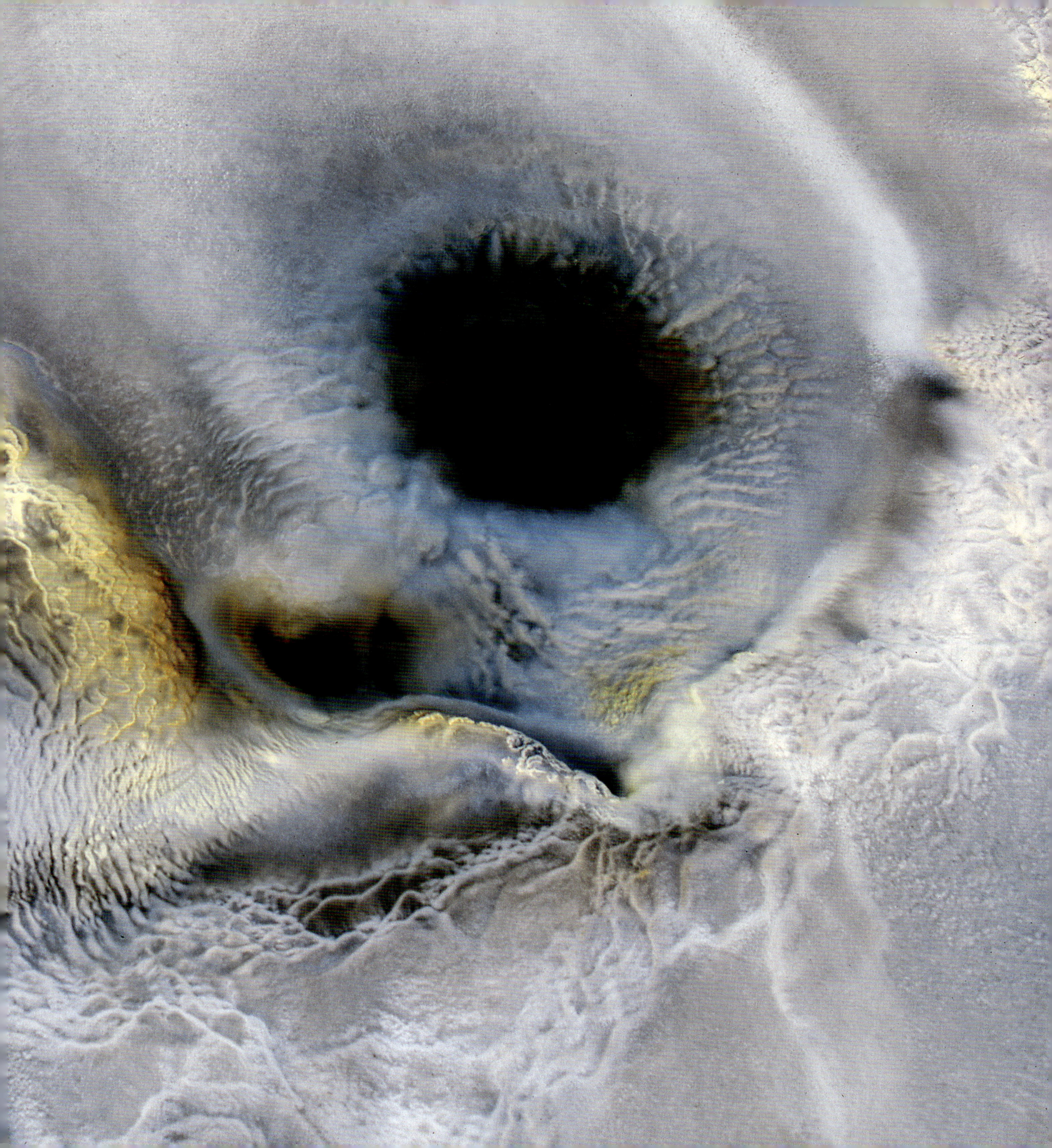

Bild oben und rechts:
Zwei Kleingeysire mit einem Sinterkranz, überwiegend aus Kalzit. Bei der rechten Detailaufnahme musste man sehr aufpassen, dass die Fotoausrüstung nicht nass wurde. Das Geysirwasser hat eine Temperatur von über 100 Grad.
Hveravellir, ISLAND

Bild oben und rechts:
Die schönsten Stonelines, die ich je gesehen habe, befinden sich in Dallol.
Es ist mit 125 Metern unter dem Meeresspiegel die tiefstgelegenste Vulkanlandschaft
und obendrein der heißeste Ort unserer Erde. Schwefelresistente Grünalgen
im Vordergrund mischen die Farben in den Pools mit dem reflektierenden
Blau des Himmels. Weshalb der Sinter die exzeptionellen Muster und Linien bildet,
ist und bleibt eines der Wunder der Natur.
Danakil, Dallol, ÄTHIOPIEN

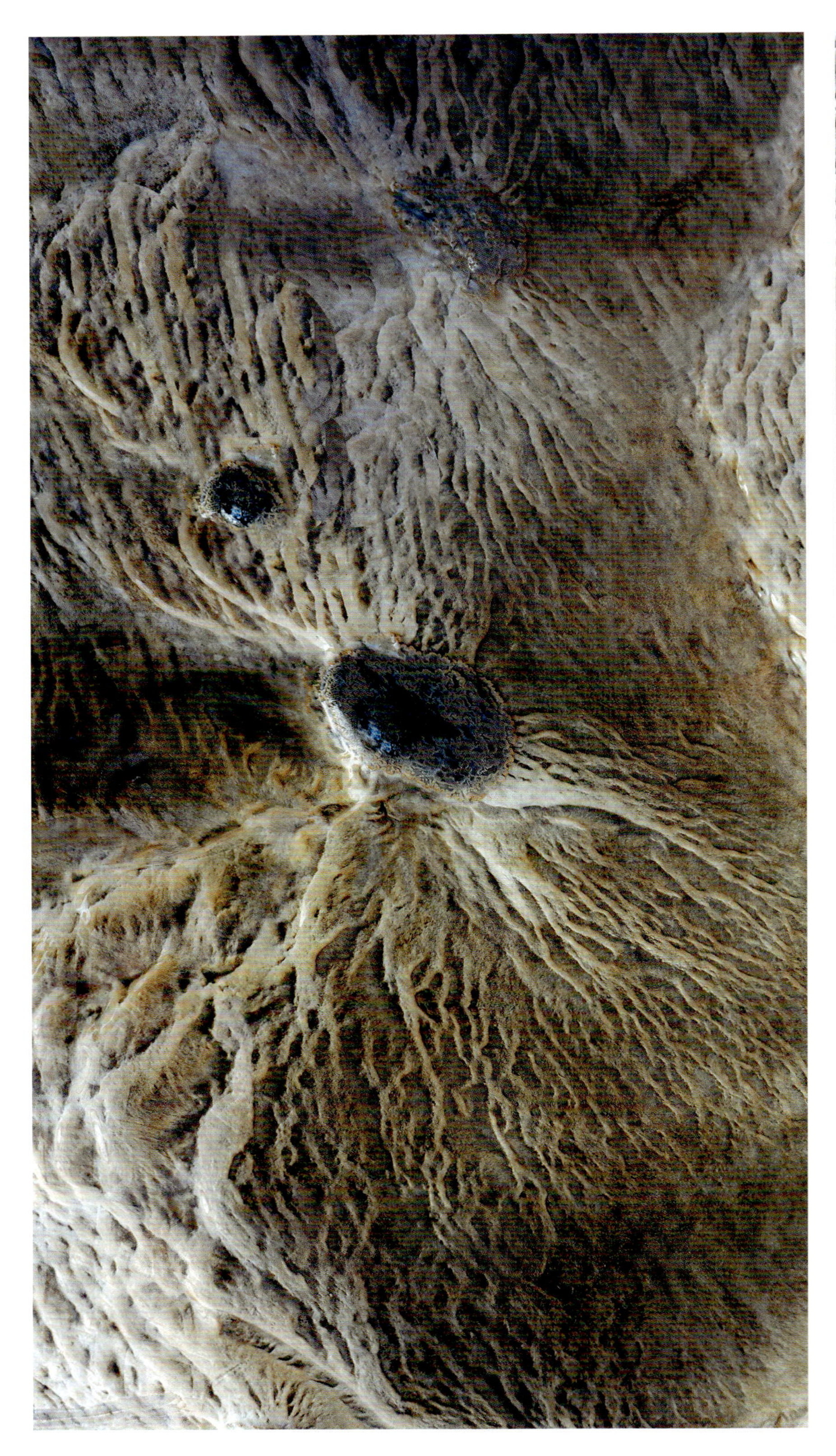

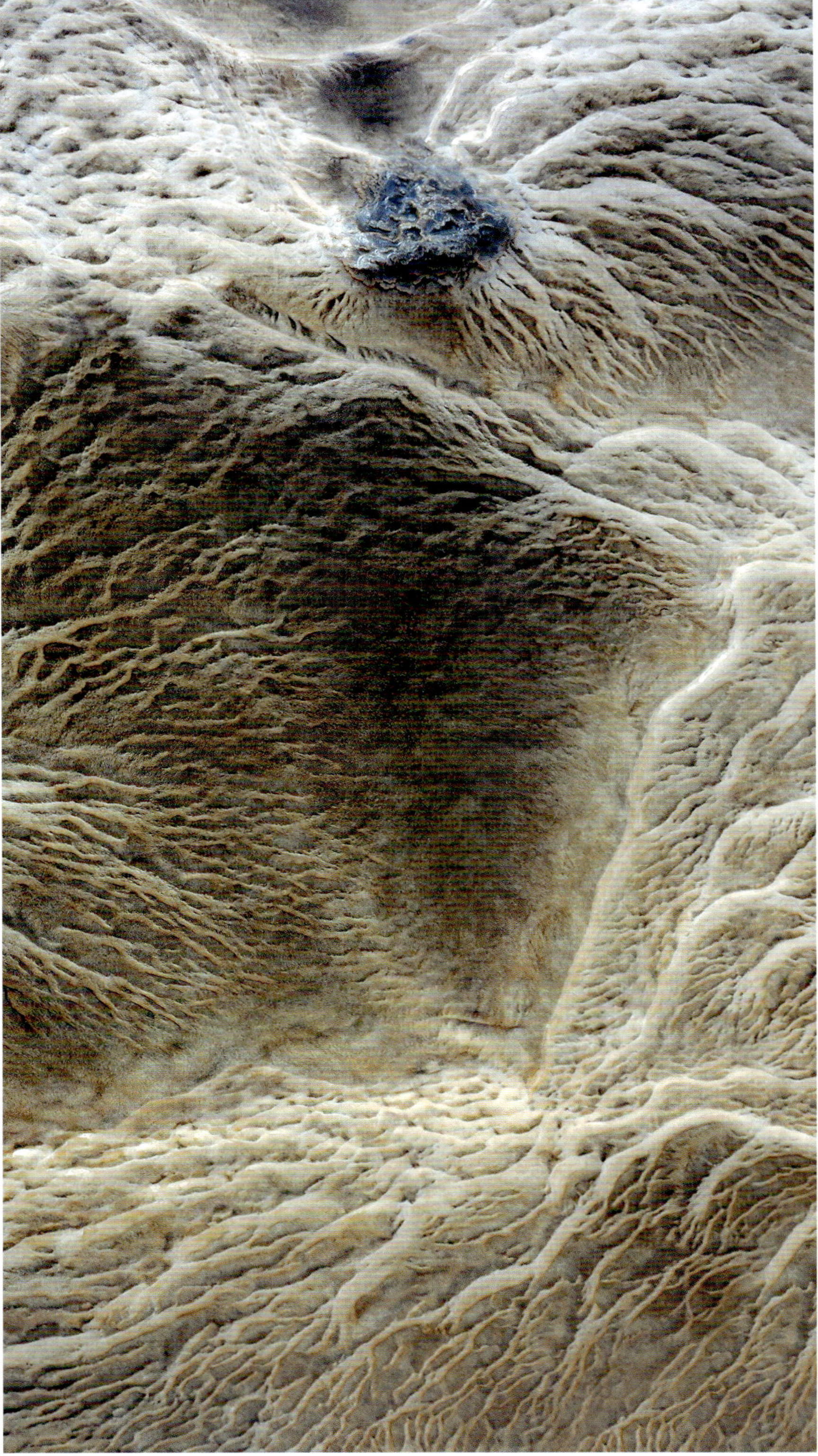

Bilder oben und rechts:
Grafik in Stein. Ästhetisch kaum zu überbieten bildet der Sinter Linien um
die rundlichen, blauen Steine. Im trockenen Zustand zerfallen Sintergebilde rasch.
Bei diesen Bildern überwiegt die Faszination der eigenwilligen Linienführung.
Haukadalur, ISLAND

MOSS ROCKS

Moose und Flechten sind extrem eigenwillige Organismen.
Sie wachsen auf Bäumen, Steinen und Mauern, selbst auf Glas und Blech sind sie anzutreffen. Ihre unverwüstlichen Lebensformen findet man überall, selbst in der Antarktis fand man ein fast 10 000 Jahre altes Rindenmoos. Einige sind absolute Überlebensstrategen, die den Stoffwechsel vorübergehend einstellen. So können sie extreme Kälte und Trockenperioden überstehen. Besonders beeindrucken mich die Farben und der grafische Aufbau der Moose und Flechtwerke, die ohne Wurzeln auf dem nackten Fels haften.

Faszinierend aber auch die üppigen, silberglänzenden Islandmoose, die ganze Lavaformationen nahtlos weich überdecken.
Aus hartkantigem Lavagestein wird symbioseartig eine grazile Textur, die die Felsenform nur erahnen lässt.
Farblich sticht in Island das fast oszillografische, leuchtende Grün des Quellmooses hervor.

In japanischen Zengärten ist der Bodendecker Moos Symbol für Ruhe, Stille und Naturverbundenheit.
Ganz zu Unrecht führen die vielen Arten der Flechten und Moose in unserer visuellen Wahrnehmung ein Schattendasein.
Einmalig ist ihr Formenreichtum und oft leuchtende Farbenpracht auf nackten Felsen.

Gelbflechten auf Basaltlava, ISLAND

Bilder oben und rechts:
Moose und Flechten gibt es vielerorts. Meine Bilder sind ausschließlich den Steinflechten und Moosen gewidmet. Flechten bilden eine symbiotische Lebensgemeinschaft zwischen Pilzen und Algen, sie haben ein sehr breites Spektrum an Farben und Formen. Diese grafischen Flechten hier besiedeln den roten Navajo-Sandstein.
Valley of Fire, Nevada, USA

Nächste Doppelseite: 174/175
Diese Luftaufnahme aus ca. 200 Meter Höhe zeigt von Zackenmützenmoos bewachsene Lavafelsen in der Nähe des westlichen Vatnajökull. Die Blaufärbung des sedimenthaltigen Wassers entsteht durch Abschmelzungen des Gletschers.
Vatnajökull, ISLAND

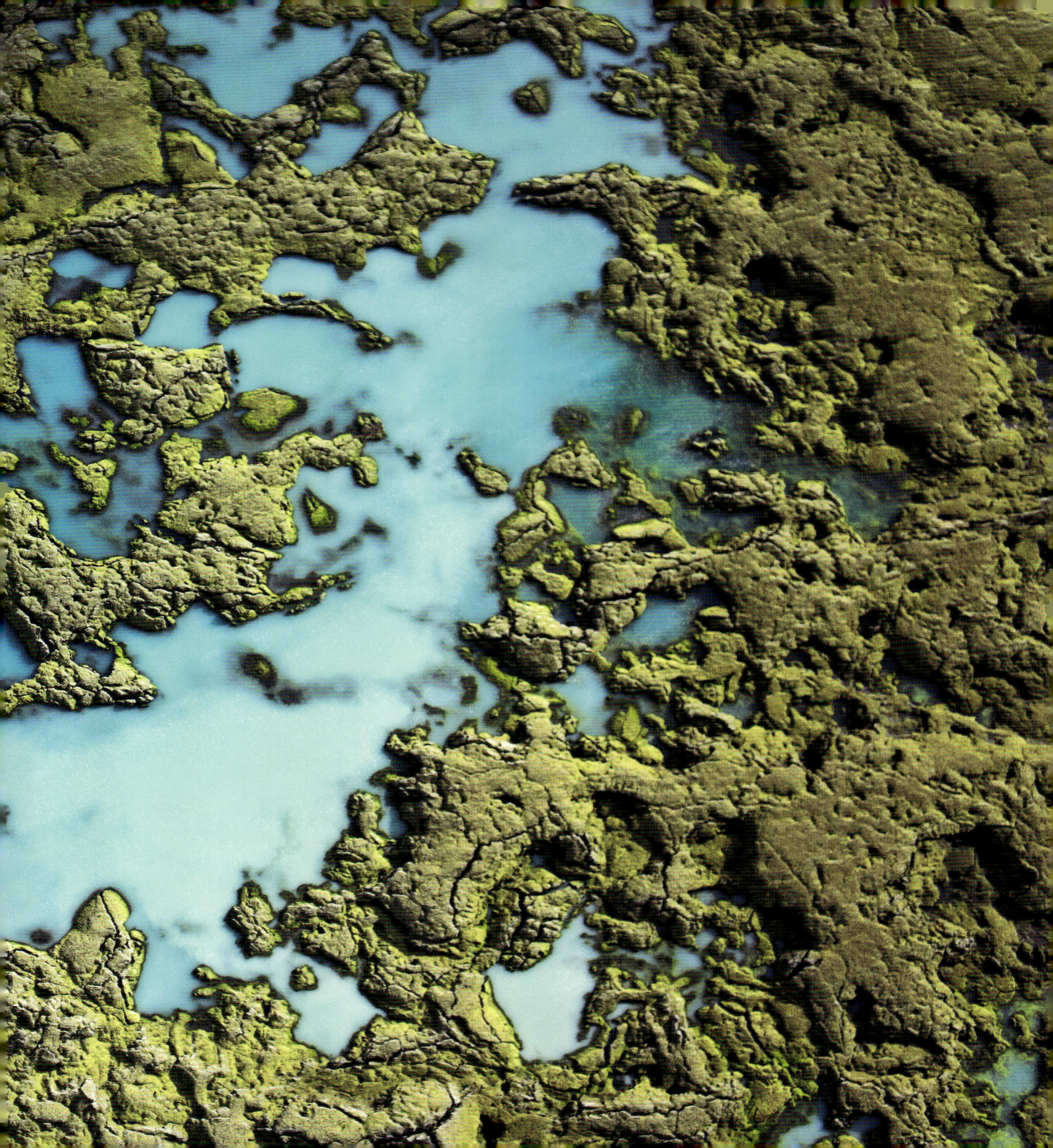

Bild oben:
In einer Felsnische fand ich diese komplementärfarbene Komposition.
Die Flechte ist original etwa 1:1 zur Abbildungsgröße.
Paria Plateau, Arizona, USA

Bild rechts:
In einem Geröllgebiet östlich von Höfn gibt es in Island Steine
mit sehr kleinen, aber außerordentlich farbigen „Landkartenflechten".
Im feuchten Zustand leuchten die Farben besonders.
Nähe Höfn, ISLAND

Bild oben:
In geschützten Buchten kommen in der Bretagne bei Ebbe diese bemoosten Steine ans Licht. Nährstoffe aus dem Wasser, in Zusammenhang mit der Photosynthese, sind die Lebensstrategie der Moose und Flechten.
Bretagne, FRANKREICH

Bild rechts:
Quellmoos mit einem farbigen Rhyolithstein in den Bergen von Island. Das weithin leuchtende Grün und die Viskosität des Wassers auf dem Quellmoos sind immer wieder erstaunlich.
Kerlingarfjöll, ISLAND

Bilder oben und rechts:
Zwei Luftaufnahmen aus ca. 300 Meter Höhe.
Eigenwillig geformte Moosflächen bedecken Lava- und Geröllmassen.
Das grüne Islandmoos bringt zusammen mit dem blaugetönten
Schmelzwasser immer wieder Farbe in die schwarz-grauen Lavafelder.
Skafta-Gebiet, ISLAND

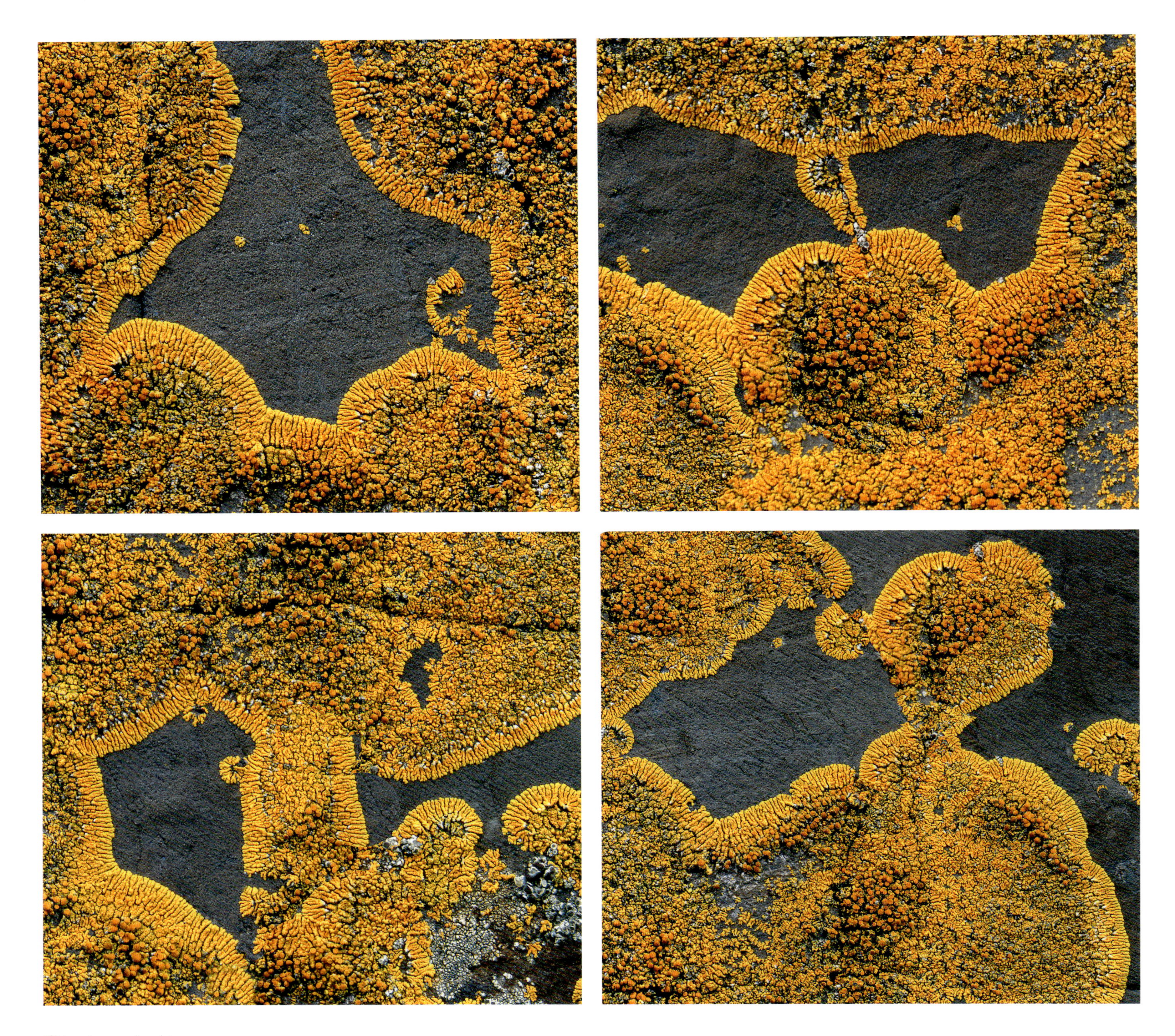

Bilder oben und rechts:
An den Basaltwänden im Hafen von Stykkisholmur fand ich diese markanten
Flechtwerke. In plakativen Rundformen präsentieren sie sich.
Je näher man sie betrachtet, umso mehr offenbaren sie ihre Schönheit.
Stykkisholmur, ISLAND

Bild oben und rechts:
In Kratergebieten ist das Zackenmützenmoos besonders üppig.
Es wird bis zu 50 cm hoch. Menschen und Schafe hinterlassen oft tiefe Spuren.
Im nordöstlichen Hraunvötn wächst besonders hohes Moos um die
im Grundwasser versunkenen Krater. Luftaufnahme aus ca. 200 Meter Höhe.
Veidivötn, ISLAND

GRAPHIC ROCKS

Wer nicht suchet, der findet. Wer das besondere Auge hat, der findet, was anderen verborgen bleibt. Wer hinsieht, dem zeigt der Zufall spielerisch Neues und Unbekanntes. „Ich fotografiere Steine, Steine und noch viel mehr Steine“, anwortete ich Kindern, die mich fragten und sich sehr wunderten.

Vor vielen Jahren zeigte ich im Roemer Pelizaeus Museum Hildesheim 120 Exponate „Stonelines“, heute haben sich hunderte „Graphic Rocks“ dazugesellt. Steine und ihre Erosion lassen mich nicht mehr los.

Der Bildhauer bearbeitet den Stein. Mit seiner Fantasie haucht er ihm ein neues Leben und Aussehen ein.
Formen und Relief des Steins in der Natur sind oft so harmonisch in Linie, Fläche und Textur – keiner könnte sie verschönern –, sie sind einfach genial von der Natur geformt.
An vielen Orten der Erde habe ich sie gefunden, diese eigenwilligen Rocks, es galt sie ins rechte Licht zu setzen und den signifikanten Ausschnitt zu wählen.

Unzählig ist die Vielfalt dieses harten Materials, das sich natürlich von Wind, Wasser und Frost so kunstvoll bearbeiten lässt.
So werden unglaublich abstrakte Bilder modelliert, die einzig und allein die Schöpfung der Natur sind.
Steine sind etwas Archaisches, Ruhe austrahlende Zeit, aber in ihrem eigenen Dasein doch nicht so ewig, wie es den Anschein hat.

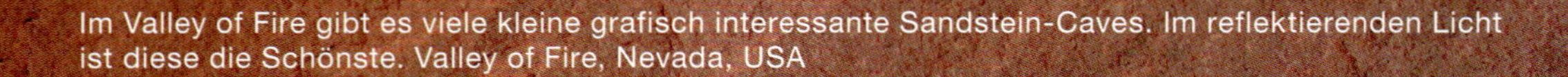

Im Valley of Fire gibt es viele kleine grafisch interessante Sandstein-Caves. Im reflektierenden Licht ist diese die Schönste. Valley of Fire, Nevada, USA

Bilder oben und rechts:
„Thousand Pockets" heißt ein schönes Sandsteinmassiv nahe dem
Ort Page. Zwar zeigt der Sandstein hier wenig intensive Färbung,
ist aber dafür mit sehr grafischen Wellenmustern aus härterem Quarz versehen.
Mit den „Pockets" sind vielleicht die vielen roten Farbpunkte gemeint,
die dort vielerorts den Fels sprenkeln.
Utah, USA

Bild oben und rechts:
Farben und Formen sind überall in der Natur Zeichen der Schöpfung.
Eisen und andere Mineralien färbten diese Sandsteine auf eine eigenwillige grafische Unterschiedlichkeit.
Oben: Ein Deckengemälde in einer Grabkammer.
Rechts: Ein kleiner Höhleneingang.
Nubischer Sandstein, Petra, JORDANIEN

Bilder oben und rechts:
Fossilspuren (Cruziana). Hier sind die sichtbaren Spuren von Trilobiten.
Die Vertiefung der Abdrücke verfüllte sich mit Sand, der sich in ca. 350 Millionen Jahren zu den jetzt vorhandenen „Negativabdrücken" versteinerte.
Gefunden auf einem kleinen Hochplateau im
Ennedi, TSCHAD

Nächste Doppelseite 194/195:
Wie eine abstrakte Grafik wirkt auf mich diese Sandsteinfläche im warmen reflektierenden Licht. Kunstvoll modelliert von Wind und Wasser fand ich diese eigenwillige Art der Schichtungen in einer versteckten Felsnische.
Utah, USA

Bild oben und rechts: Aus meiner Haussammlung: „Graphic Rocks“

Bild oben:
Diese augenförmige Geode aus Flintstone fand ich im Nordwesten von Ägypten
an einer heißen Quelle. Kieselsäure spielt bei der Entstehung eine entscheidende Rolle.
Wegen seiner Härte war der Flintstone in der Steinzeit ein wichtiges Material für
Werkzeuge, die damals so scharf waren wie heutige Stahlklingen.

Bild rechts:
Bei diesen Rocks handelt es sich um Pseudomorphosen. Sie bestehen aus Sulfiden
und Eisenoxid. Ich fand einige, manchmal noch stehend in der weißen Kreide.
Weiße Wüste, ÄGYPTEN

Bilder oben und rechts:
Vielfältig ist die grafische Wirkung der Quarzlinien. Mal streng geradlinig, oder wie im Bild rechts barockähnlich verschnörkelt.
Das Eisenmineral erzeugt die rötlichen Farbtönungen. Fragil und schön hat der Wind der Urzeit die Schichten abgelagert, die jetzt mit einem „Natursandstrahl" wieder freigelegt werden.
Paria Plateau, Arizona, USA

Bild oben und rechts:
Eine blau-schwarze Patina hat sich durch Manganausfällung über Jahrtausende auf diesem Sandstein in der Sahara gebildet. Plakativ in den Details.
Südliche Sahara, ALGERIEN

Nächste Doppelseite 202/203:
Grauer und farbiger Sand bilden eine wirkungsvolle Einheit. Der graue Sand wurde vom Wasser geformt, der rötliche Sand vom Wind darübergeweht.
Valley of Fire, Nevada, USA

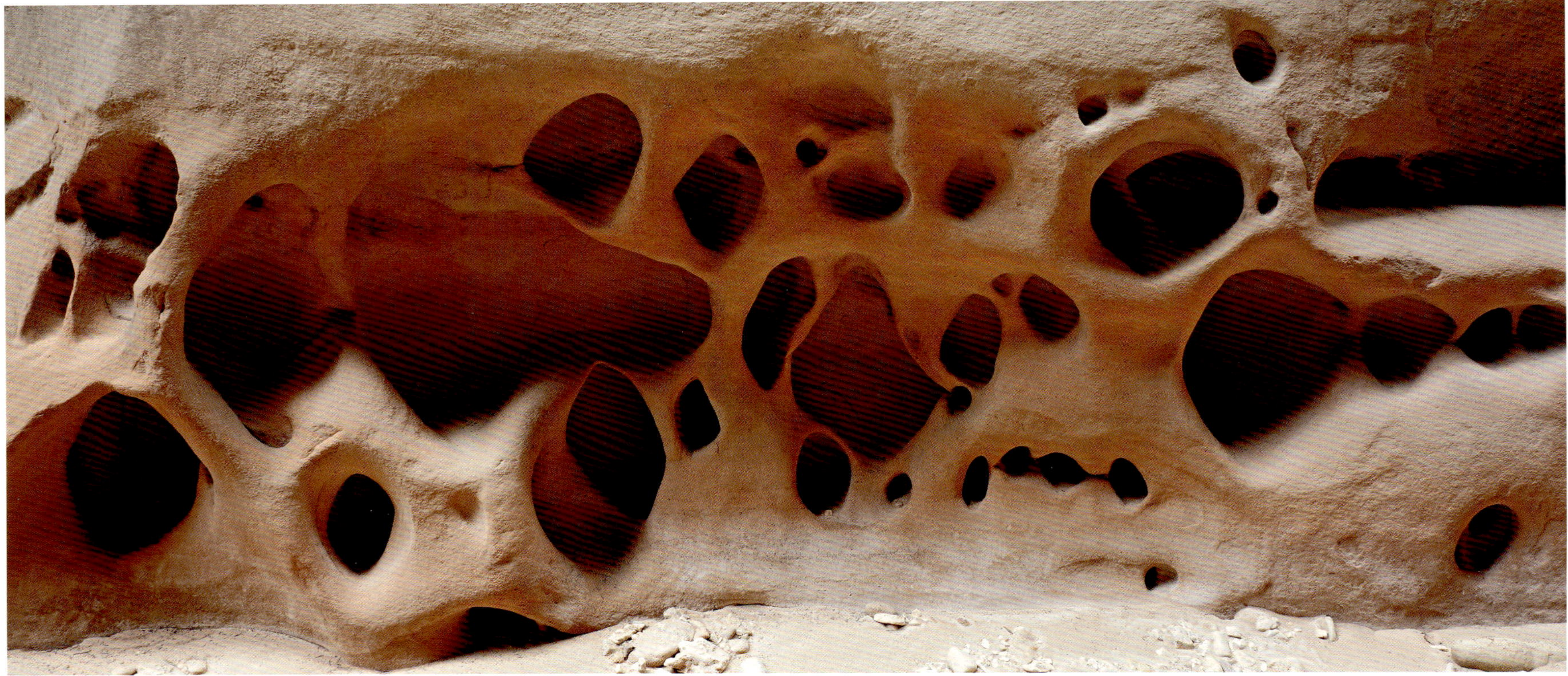

Bilder oben:
Bei den Graphik Rocks dürfen ein paar „Lochbilder“ aus meiner großen Auswahl nicht fehlen. Salzkörner im Gestein spielen u. a. sicher eine Rolle bei der wunderschönen Ausformung des Sandsteins.
Buckskin Gulch, Arizona, USA

Bild rechts:
Ein Gitter voller Aushöhlungen. Hier sieht man schon die Salzausblühungen an den weißen Rändern.
Valley of Fire, Nevada, USA

DESERT ROCKS

Synonym der Wüsten sind die Sandmeere mit ihren fast endlosen Dünengebieten. Sanddünen, in der Sahara Ergs genannt, sind nur ein kleiner Teil und machen nur ein Fünftel der riesigen Wüstengebiete aus. Felsen, Trockenbecken und Geröll überwiegen. Wüste ist ein unpräziser Begriff. Überall auf der Erde sind es menschenleere, vegetationsarme Trockengebiete mit sehr unterschiedlichen Fels-, Sand- und Steinformationen.
Die südliche Region der Sahara z. B. im Tschad, Libyen, Algerien etc. ist nicht nur mit äußerst pittoresken und großartigen Steinformationen übersät, sondern auch mit Petroglyphen und Felsmalereien. Vor etwa 10 000 Jahren waren diese Regionen fruchtbar und besiedelt. Prähistorische Gräber, Feuerstellen, Steinwerkzeuge und Mahlsteine sind beredte Zeugen des damaligen Lebens.

Türme, Felsburgen, Pilzfelsen, erodierte Inselberge ragen in den Himmel und sind stets dem erosiven Angriff von Hitze, Kälte oder dem natürlichen Sandstrahlgebläse des Windes ausgesetzt. In vielen Wüsten haben sich nadelartige Einzeltürme innerhalb der „Felsenschlösser“ durch Windschliff herausgebildet.

Wüste, dieses riesige Kunstwerk, ist wie alles in der Natur noch nicht vollendet. Die nicht greifbare und geheimnisvolle Kraft der Erosion arbeitet mit Hochdruck immer und stetig weiter.

Chinle und Sandsteinschichten in den Ah-Shi-Sle-Pa Badlands, New Mexico, USA

Bilder oben:
Vorder- und Rückseite eines imposanten Felsens.
Wie auf Stelzen steht er da, gewaltig und schön im weichen Abendlicht,
gestattet Ein- und Durchblick.
Ennedi, TSCHAD

Bild rechts:
Dieser „Pilzfelsen“ ist auf seinem schmalen, langen Sockel der weitaus höchste,
den ich auf meinen Reisen gesehen habe. Da die Luft noch vom letzten Sandsturm
mit Partikeln angereichert ist, wirft der Fels nebelartige Schatten.
Ennedi, TSCHAD

Bild oben und rechts:
Zwei eigenwillige Steinskulpturen.
Beim rechten Bild sieht man besonders deutlich wie die vielen Sandstürme in Jahrhunderten den unteren Teil der Felsen abgearbeitet haben.
Wieviel Jahre hält er noch seine Balance?
El Ghessour, ALGERIEN

Bild oben:
Eine runde Steinburg mit vielen Türmen erhebt sich stolz mitten aus der Ebene.
Ennedi, TSCHAD

Bild rechts:
Wie sich die Felsformationen gleichen. Diese Felsfestung liegt viele Tausend Kilometer westlich in der Sahara.
Tin Akaschaker, ALGERIEN

Bild oben:
Im Ennedi gibt es eine ganze Reihe von spektakulären Felsformationen.
Da es selten regnet, sind es überwiegend Hitze-, Kälte- und Winderosionen,
die am Fels arbeiten (eine Größenrelation mit dem Bildautor).
Ennedi, TSCHAD

Bild rechts:
Markante Felsnadeln ragen vielfältig in den Himmel.
Ennedi, TSCHAD

Bild oben:
Einen „Sandfall“ zu erleben ist selten. Wenn der Steigungswinkel der Düne zu groß ist,
rutscht sie ab. Mit viel Glück erlebt man sie als singende Düne mit tiefen eigenwilligen Tönen.
Tadrart-Gebiet, ALGERIEN

Bild rechts:
Eine fragile Skulptur auf Stelzen.
Trotz der harten Kontraste in der Sahara modelliert hier das reflektierende
Licht den Sandstein auch im Schatten.
Tagrera-Gebiet, ALGERIEN

Bilder oben und rechts:
Die Erosion hinterlässt eindrucksvolle Stelen aus Sandstein am Rande der Gebirgsketten. Weit über 20 Meter ragen sie in die Höhe.
Die Menschen werden in diesen gigantischen Landschaften auf das ihnen zustehende Maß gestuft.
Ennedi, TSCHAD

Bild oben und rechts:
Eine Wüstenlandschaft der anderen Art sind Bisti Badlands, De-Na-Zin und Ah-Shi-Sle-Pa im Norden von New Mexico, zu denen es mich immer wieder hinzieht. Hier trifft oft kalte Luft aus dem Norden auf warme Luft aus dem Süden. Häufig gibt es starke Gewitter. Die Niederschläge hinterlassen wunderschöne Riefen im „Chinle", einem sehr alten Vulkanschlamm.
Bisti Badlans, New Mexico, USA

Bilder oben und rechts:
Zwei Bilder mit der Bezeichnung „Elephant Rocks“, doch sie liegen Tausende Kilometer auseinander.
Das Bild oben ist der Elefant im Ennedi-Gebirge, TSCHAD.

Bild rechts:
Dieser Elefant befindet sich gleich am Eingang des Valley of Fire State Park und ist sehr leicht zu finden.
Valley of Fire, Nevada, USA

HISTORY ROCKS

Der News Paper Rock, ein mit prähistorischen Gravuren übersäter Felsen am Eingang des Canyonlands-Nationalparks in den USA hat mich nicht nur auf meiner ersten Reise sehr beeindruckt. Seine Bedeutung ist jedoch noch nicht geklärt.

Die Petroglyphs sind gehämmerte oder geschliffene Gravuren – meist auf dunklen, oxydierten Wänden mit einer außerordentlich flächig abstrahierten Wirkung.
Pictographs dagegen sind Malereien und Zeichnungen auf Fels. Die überwiegenden Farben sind weiß, rot und schwarz.
Sie sind fast immer Mineralfarben aus der Natur und mit ihrer einmaligen, abstrahierten Wirkung stehen sie in der Anschauung den meist älteren Gravuren in keiner Weise nach.

Von meinen Reisen habe ich hier im letzten Teil meiner „Rocks-Show" einige Felsbilder zusammengetragen. Viele davon aus dem südlichen Teil der Sahara, vor allem aus Algerien und dem Ennedi im Tschad. Hier sind fast an jedem großen Felsmassiv Gravuren aus sehr früher Zeit zu finden. In unterschiedlichen Perioden war die Schaffung von Felsbildern oft selbst eine rituelle Handlung.
Einige Bilder schließen auf reale Ereignisse, andere Motive sind offenbar völlig abstrakt erdacht.

Dass die Menschen in der Jungsteinzeit so eine Affinität zum Material Stein hatten (Werkzeuge, Schutz, Grabstellen, Darstellung), war für sie überlebenswichtig. Für mich ist der Fels und Stein mit seinen unendlichen, erodierten Varianten immer ein fantastisches Erlebnis. Die Bilder und Gravuren auf dem Fels sind nichts anderes als der „Louvre der Steinzeit".

Abstraktes Pferde-Pictograph aus dem nordöstlichen Ennedi, TSCHAD

Bild oben:
Außerordentlich flächig und grafisch sind die Menschenabbildungen aneinandergereiht.

Bild rechts:
Hier dienen überwiegend Zucht- und Nutztiere der bildlichen Anschauung. Die Felsmalereien
liegen meistens sehr versteckt in Nischen und Höhlen und sind ohne einheimische Führer nicht zu finden.
Ennedi, TSCHAD

Nächste Doppelseite: 228/229
Die Newspaper-Rock-Petroglyphen sind Bilder menschlicher Aktivität in dieser Gegend. Niemand weiß genau,
was diese Aufzeichnungen bedeuten. (Die Füße mit 6 oder auch 4 Zehen geben zu denken.)
Canyonlands, Utah, USA

Bild oben und rechts:
Zwei Mahlscheiben der Steinzeit. Durch den Druck verhärtete sich im oberen Bild die Mahlfläche und erodierte an dieser Stelle weniger als ihre Umgebung.

Bild rechts:
Eine sehr gut erhaltene und gleichzeitg sehr seltene Doppelmahlschale in einer Felsnische mit Wandmalereien.
Ennedi, TSCHAD

Bild oben und links:
Felsgravuren von Mensch und Tier. Die größten Felsbildgalerien gibt es in allen
südlichen Gebirgsregionen der Sahara. Außerordentlich viele auch im Tassili n' Ajjer, ALGERIEN.
Die Ältesten werden auf 7 000 vor Christi geschätzt.
Vielerorts sind verschiedene Bild- oder Zeichenperioden übereinandergelagert,
wie die rätselhaften schriftzeichenähnlichen Gravuren auf dem Bild rechts.

Bilder oben und rechts:
Diese Malereien sind ein prähistorisches Highlight.
In einer versteckten flachen Höhle kann man sie auf dem Rücken liegend bestaunen.
Tänzer, Krieger oder Jäger. In Jahrtausenden konnte sich die intensive Farbigkeit
durch Mangel an direktem UV-Licht behaupten.
Im rechten Bild tanzen die Menschen im Kreis. Ein Ritual? Vielleicht auch nur aus Fröhlichkeit.
Als Bewegungsstudie einmalig.
Arakokem, ALGERIEN

Bild oben und rechts:
Rinderabbildungen reichen in die Periode 4000 und 2000 vor Christus.
Im oberen Bild ist die Farbigkeit recht gut erhalten, gegensätzlich zum linken Bild
mit den eigenartigen Flächenproportionen der Tiere.
Ennedi, TSCHAD

Bild oben und rechts:
Neben diesem markanten, weithin sichtbaren Monolith befindet sich eine der berühmtesten und bedeutendsten Felsgravuren: „Die weinende Kuh“.
Eines der am feinsten gearbeiteten Kunstwerke der Sahara. In der Ausdruckskraft und im Feinschliff sind die ineinander gelagerten Rinderköpfe einzigartig.
Laut Legende weint die Kuh, weil ihr Land unfruchtbar geworden ist.
Bei Djanet, ALGERIEN

DANKSAGUNG

Mein Dank an die Wild- und Schönheit der Natur! Der Wind des Lebens hat mich an unglaubliche Orte geführt. Das Verborgene der Dinge mit Respekt und Einfühlung zu entdecken war Intention meiner Naturfotografie. Ganz automatisch wird man selbst in großartigen Landschaften und auch im Tausend-Sterne-Hotel auf das richtige „Menschenmaß“ zurückgesetzt, dass uns oft fehlt.

Mein Dank an Helmut Gernsheim, der mir vor 45 Jahren sinngemäß die Augen öffnete und sagte: „... wir sehen immer mehr und erkennen immer weniger.“ Wie wahr in der heutigen reiz- und informationsüberfluteten Welt.

Mein Dank an die Tuareg und Kamelführer, ihnen verdanke ich, die schönsten Gebiete in der Sahara kennengelernt zu haben.

Mein Dank an Frau Dr. Schnelle-Schneyder, die ihre präzisen Gedanken im Einführungsessay verfasste.

Mein Dank an meine Freunde Ulli und Marco, es machte mir große Freude mit ihnen zu reisen.

Mein Dank an meine Frau, die immer Verständnis für meine ausgedehnten Reisen hatte.

Mein Dank auch an die, die man landläufig „Schutzengel“ nennt, ich glaube, von ihnen habe ich mehrere.

Mein Dank an den Verleger Hubert Tecklenborg und seine Crew, die in hervorragender Weise dieses Buch realisierten.

IMPRESSUM

Bibliografische Informationen der Deutschen Nationalbibliothek. Die Deutsche Nationalbibliothek verzeichnet diese Publikation in der Deutschen Nationalbibliografie; detaillierte bibliografische Daten sind im Internet über http://dnb.d-nb.de abrufbar.

MAGIC ROCKS
Volkhard Hofer
Steinfurt; Tecklenborg Verlag, 2014
ISBN: 978-3-944327-21-1
1. Auflage 2014

Fotografie, Text und Layout: Volkhard Hofer
Essay: Marlene Schnelle-Schneyder
Lektorat: Diana Kirstein
Gesamtherstellung: Druckhaus Tecklenborg, Steinfurt

ISBN 978-3-944327-21-1

Kontakt Fotograf:
Volkhard Hofer, Kleine Neustadt 8
D-31185 Klein Himstedt
Telefon: 05129 1210, E-Mail: vhofer@t-online.de
Galerie: www.naturfotografie-hofer.de